図解 よくわかる

ブドウ栽培

品種・果房管理・整枝剪定

Kobayashi Kazushi
小林 和司

創森社

収穫期の甲州園
（山梨県甲州市勝沼町）

高品質ブドウ生産と豊かな資源をつなぐために～序に代えて～

ぐんぐん伸びるつる、房にたくさんの実をつけることから「豊穣」と「繁栄」の象徴とされ、世界中で身近な果物として親しまれてきたブドウ。日本においても古くから各地で栽培されており、現在では多様な品種構成と栽培技術の発達により、わが国の果樹産業、および地域の観光資源として重要な一翼を担っています。

今日、私たちがブドウ棚にたわわに実った房の美しく豊かな光景を見ることができるのは、先人たちの技術開発の積み重ねとたゆまぬ努力のおかげでもあるといえます。

私は、幸いにも20年以上にわたってブドウの栽培や品種開発に携わってまいりましたが、先輩諸氏や生産農家の皆様から多くのことを学ばせていただきました。

このブドウ棚が広がる豊かで美しい光景・資源を次の世代にいかにつなげていくかを考えたとき、これまでに知り得た知見や技術は、わかりやすい形で次世代の担い手の皆様にお伝えしていくことが、とても大切で重んずべきことであるとの思いに至りました。

本書は、これから栽培を始められる方々はもちろん、経済栽培において一層の高品質、安定生産、また省力化をはかろうとするプロの皆様のために、ブドウの特性、品種、栽培管理技術をより詳しく具体的にわかりやすく解説することに努めたものです。

ブドウを栽培する皆様の経営の向上や地域の発展に、さらには美しく豊かな景観維持に本書がその一端を担えたら幸いです。末筆ながら執筆にあたり、写真の提供やご助言をいただいた山梨県果樹園芸会、山梨県果樹試験場の皆様に深謝いたします。

２０１７年　仲春

小林　和司

図解 よくわかるブドウ栽培◎もくじ

デラウェア

第3章 苗木の植えつけ方・仕立て方

シャインマスカット

第4章　ブドウの生育と栽培管理　55

ヒムロット

ピオーネ

安芸クイーン

第8章

施設栽培と根域制限栽培

甲州

本書の見方・読み方

◆本書では、ブドウの生態、品種、および主な栽培管理・作業を紹介しています。また、施設栽培や根域制限栽培についても解説しています。

◆栽培管理・作業は関東甲信、関西を基準にしています。生育は品種、地域、気候、栽培管理法などによって違ってきます。

◆果樹園芸（主にブドウ栽培）の主な用語は巻末179～178頁で解説。また、本文中の専門用語、英字略語などについては、初出用語下の（　）内などで解説しています。

◆図表については、一部を『育てて楽しむブドウ～栽培・利用加工～』小林和司著（創森社）から転載しています。

◆年号は西暦を基本としていますが、必要に応じて和暦を併用しています。

ブドウの甲州式平棚

第１章

果樹としてのブドウの特徴

収穫期を迎える甲州

ブドウの樹と果実の特徴

ブドウ栽培の歴史は古く、コーカサス地方やカスピ海沿岸では紀元前から栽培されていました。日本でも鎌倉時代には甲斐国《かいのくに》勝沼で栽培が始められています。

世界的にはワイン原料としての利用が多いのですが、日本では主に生食で利用されています。

生食のほか乾燥させてレーズン、ジャムやジュース、ゼリーなどにも加工され、世界じゅうの人々に親しまれています。古くから私たちの身近にあるこの果物は、ほかの果樹とは大きく異なる特徴があります。

花穂と葉（デラウェア）

ブドウの樹の特徴

ブドウはつる性の落葉果樹

ブドウは、ほかの木本果樹とは異なり、つる性の果樹です。幹や枝を支えるために、棚や垣根などに誘引する必要がありますが、植えつけ位置や枝の配置は自由に決められます。

新梢は柔らかく節があり、それぞれの節目には葉が1枚ずつついています。葉は晩秋には黄色くなり落葉します。新梢の葉の反対側には、花穂《かすい》または巻きひげがつきます。花穂がつく数は品種により異なり、普通は一つの新梢に1～数個の花穂がつきますが、経済栽培場園では1または2花穂に制限して利用しています。

ブドウは品種が豊富

ブドウは品種が非常に多く、世界じゅうには1万品種以上あるといわれています。実際に経済栽培されている品種はそんなには多くありませんが、それでも他果樹に比べ多くの品種があります。房や果粒の形、色、食味などは大変バラエティーに富んでいます。

果粒はゴルフボールのように大きいものや卵形、弓形のものなど品種が豊富にあります（**図1‐1**）。

果粒の色も紫黒や紫赤、鮮紅色、先端だけ赤くなるもの、黄色や緑色など

果粒の縦断面（ロザリオビアンコ）

さまざまです。

香りはマスカットやラブラスカといったブドウの代表的な香りのほか、青リンゴやイチゴの香りなどがあります。果肉はパリッとした硬い食感がするものや、果汁たっぷりジューシーなものまで、見た目も食味もほんとうに豊富で楽しませてくれます。

図１－１　果粒の形状

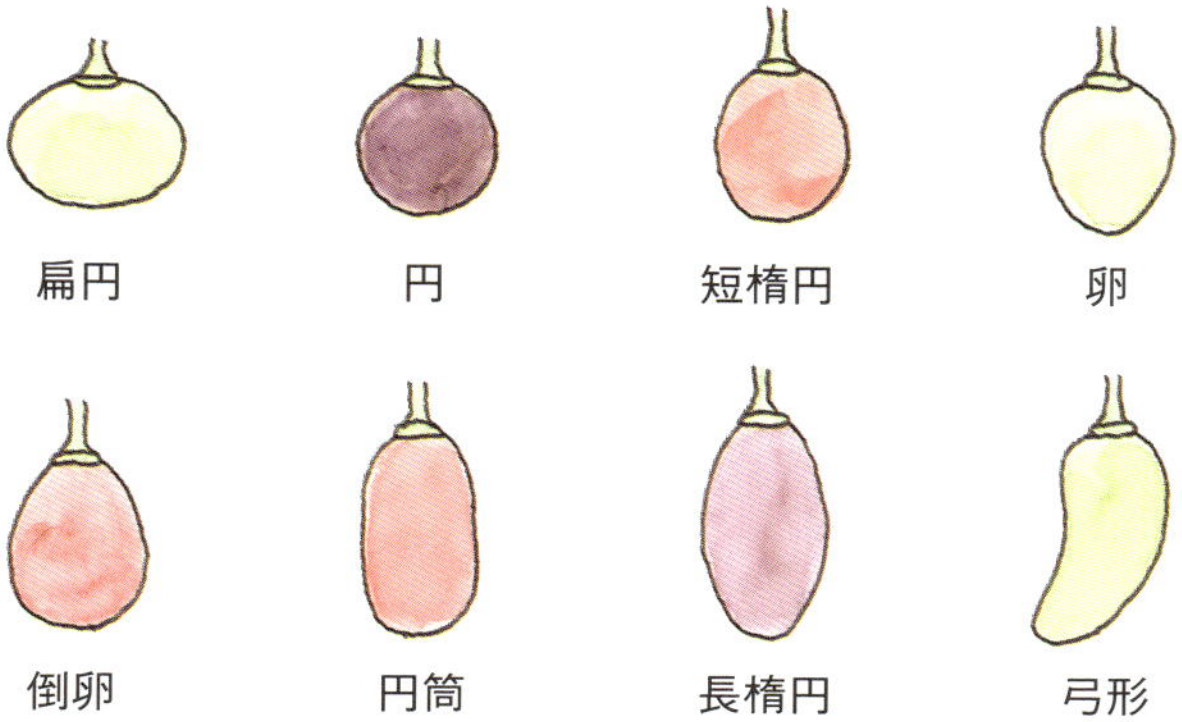

結実樹齢が早い

「桃栗三年柿八年」ということわざがあるように、永年作物である果樹は実を結ぶまでにある程度の年数を要します。一方、ブドウは苗木を植えてから結実するまでの期間が、とても短い果樹です。苗木を植えて早ければ翌年から実がなり始めます。

また、ほとんどの品種は自家和合性といって自分自身の花粉で結実する性質がありますので、ほかの果樹のように、違う品種を近くに植えたり、受粉作業をする必要がなく1樹だけでも十分に結実します。

成熟期のシャインマスカット

気候や土壌に対する適応性が広い

ブドウ栽培の好適地は年平均気温10℃から20℃の範囲にあり、北緯20度から50度、南緯は20度から40度の間に分布しています。

この範囲以外にも、台湾やタイ、インドなどでも経済栽培がおこなわれています。このように、気候や土壌に対する適応性が広いので、品種を選べば北海道から沖縄まで日本じゅうどこでも栽培できます。

たとえば、北海道や長野県など冷涼な地域では耐寒性が比較的強い「ナイアガラ」などの米国系の品種が多く栽培されています。また、気温が下がりにくい西南暖地では、黒や赤の品種は色がつきにくいので、黄緑色の品種のほうが安定栽培できます。

挿し木や接ぎ木で容易に増殖できる

一般に果樹は、「接ぎ木」による栄養繁殖によって増殖されています。「台木」に「穂木《ほぎ》」を接ぎ木して苗木をつくりますが、この台木の使用は果樹園芸の大きな特徴です。

経済栽培用のブドウは、他果樹と同じように台木に接ぎ木をして苗をつくりますが、挿し木によっても容易に増殖することができます。

木本果樹では挿し木による発根は容易ではありませんが、ブドウでは春先、結果母枝を砂や土に挿すことで簡単に発根します。

接ぎ木のポット苗

なお、接ぎ木も容易にできます。緑枝接ぎや休眠枝接ぎで個人で簡単に増やすことができます。1本のブドウの樹があれば、接ぎ木や挿し木により、自家ブドウ園の「規模拡大」も簡単にできます。

また、1本の樹に黒いブドウや赤いブドウ、黄緑のブドウなど違った品種の枝を接ぎ木し、わが家オリジナルの「ブドウファミリー」を仕立てれば1本の樹でいくつもの果実を楽しむこともできます。

ブドウの果実の特徴

果実は房状で漿果

ブドウの果実はいくつもの果粒が集まった集合体（房）です。果房にもいろいろな形状があります（**図1－2**）。自然状態では、一つの花穂に数百もの花が咲きますが、これらの花はすべてが結実するわけではありません。

一般的には「房づくり」といって花穂を4cm程度に整形して、養分競合を防ぎ結実確保をしています。果粒は漿果《しょうか》と呼ばれているように水分がたっぷりです。7月に入ると硬かった果粒に水が引き込まれ柔らかくなり、糖分を蓄えながら成熟していきます。

多くの品種が自家和合性

先に述べたように、ブドウは自家和合性という性質があり、自身の花粉で受精がおこなわれ結実します。大部分の品種は自家和合性ですが、中には花粉に稔性がなく、種を結ぶことができない品種もあります。

たとえば、「カッタクルガン」や「瀬戸ジャイアンツ」、「サニードルチェ」などの雄ずい反転性の品種や「キングデラ」や「サマーブラック」、「甲斐美嶺《かいみれい》」などの3倍体品種は結実することができません。このため、果実を得るにはジベレリン処理による種なし

図1－2　果房の形状

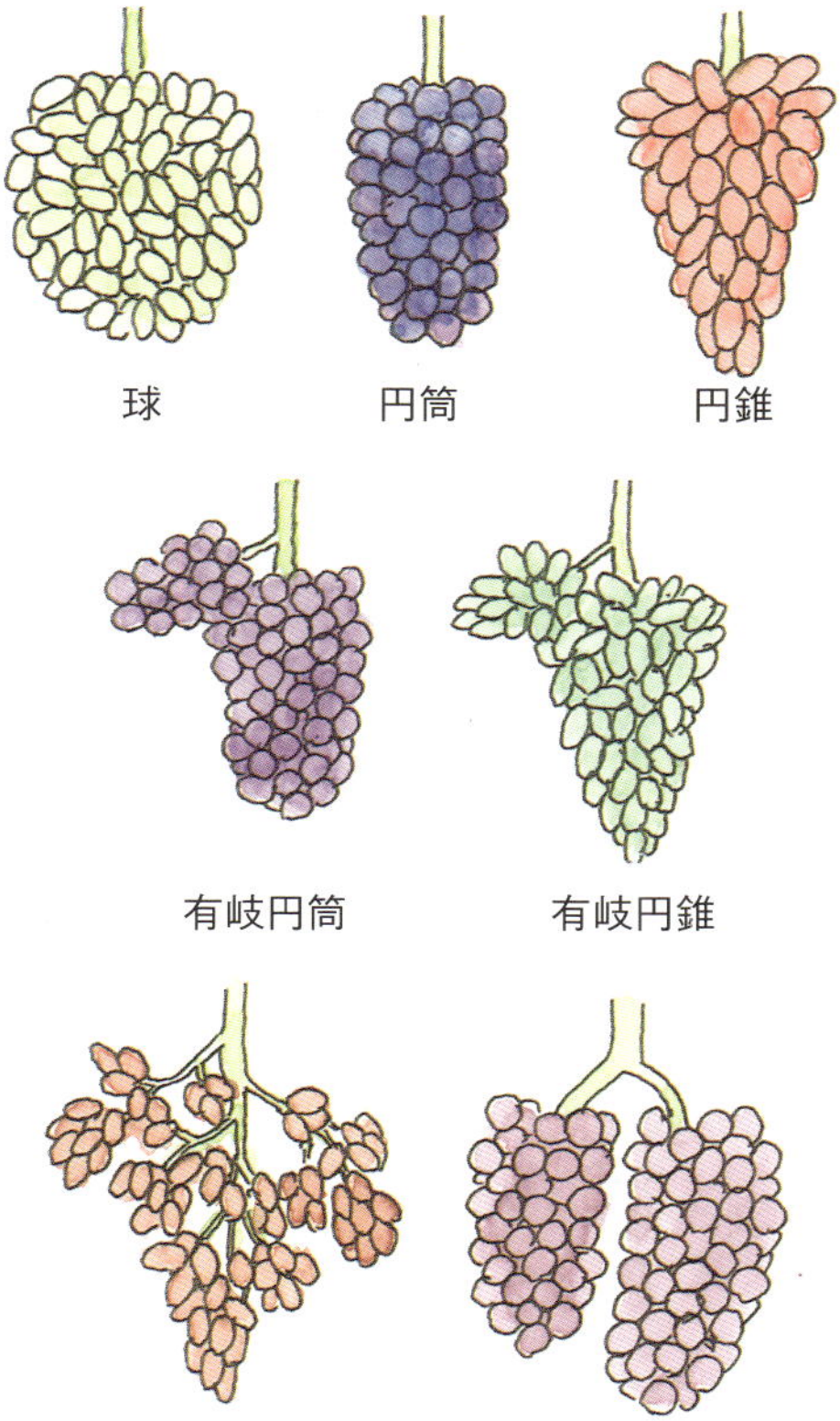

栽培が前提となります。

種なし栽培が容易にできる

ネヘレスコールは世界最大級の果房

現在、生食用のブドウでは消費者のニーズから種なし栽培が主流になっています。

ジベレリンを花穂に処理することで簡単に種なし果房が得られます。ジベレリンの処理時期や濃度は品種によって異なっていますので、種なしにする場合は、ジベレリンの品種ごとの適用内容をよく確認してから使用するようにしてください。

機能性成分が豊富

ブドウの果粒には甘みと果汁がたっぷりです。糖度は17～25％あり、果物のなかでも含有量は一番です。

ブドウ糖と果糖が主成分であり、体内ですばやくエネルギー源になるので、疲れたときに食べると回復が早くなります。

また、ブドウには、アントシアニンやレスベラトロールといったポリフェノールが豊富に含まれています。ポリフェノールには抗酸化の作用があり、活性酸素などによる老化防止、発がん抑制の効果があります。

ほかにも、血圧の上昇を抑えるカリウムや貧血予防に効果のある鉄分、動脈硬化や心臓病予防に効果のあるマグネシウムも豊富に含まれています。

最近では、レスベラトロールに生物の寿命をのばすという新たな機能が見いだされ、注目を集めています。

原産、来歴と栽培分布

原産と来歴

ブドウの祖先は1億4000万年前の白亜紀にはすでに存在していたようです。6000万年前の第3紀の化石からは約40種類が発見されており、グリーンランドやアラスカまで分布していたそうです。

ところが、100万年前に氷河期が訪れると野生ブドウのほとんどが死滅し、氷結しなかった南ヨーロッパやアジア西部、北米東部に一部が生き残りました。これら生き残った野生ブドウが、現在の栽培品種の元となる原生種となりました。1万年前に氷河期が終わると気候がふたたび温暖となり、これらの野生ブドウの分布は北方へと広がりました。

3大群種

生き残った野生種は何万年もの間、異なった気象条件下で生育していると、形態的、生態的特徴がつくりあげられてきます。

とくに寒さや乾燥への抵抗性、耐病性などの特性が変化し、その結果、①欧州ブドウ（*V.vinifera.L.* 1種）、②米国ブドウ（*V.labrusca.L.* のほか約30種）、③アジア野生ブドウ（*V.amurensis Rupr* のほか約40種）の特性の異なる3大ブドウ群種が発生しました（コズマ1948）。

ブドウの分類には多数の意見や報告がありますが、主流となっている意見をとりまとめると前述のとおりとなります。なお、マスカディニアブドウと呼ばれる亜属もありますが、形態や生態が真ブドウ亜属とは異なるのでここでは割愛します。以下に三つの群種について説明します。

①欧州ブドウ

先に述べたように氷河期が終わり温暖となったユーラシア大陸では野生ブドウが繁茂し、全ヨーロッパへ拡大しました。野生ブドウは人類が農耕を始めたとされる約1万年前にはすでに消費利用されていたようです。新石器時代の遺跡からブドウの種子が発見されていますが、このときのブドウは雌雄異株で果粒も小さかったようです。

なお、最初のワインの発見は野生ブドウを土器に貯蔵しておいたものが自然発酵して、それを偶然に誰かが飲んだのがきっかけではないかと考えられており、ワインの飲用は実際のブドウ栽培よりずっと以前の紀元前1万年から8000年頃ではないかとされています。

図1－3　ヨーロッパブドウの発生と分類

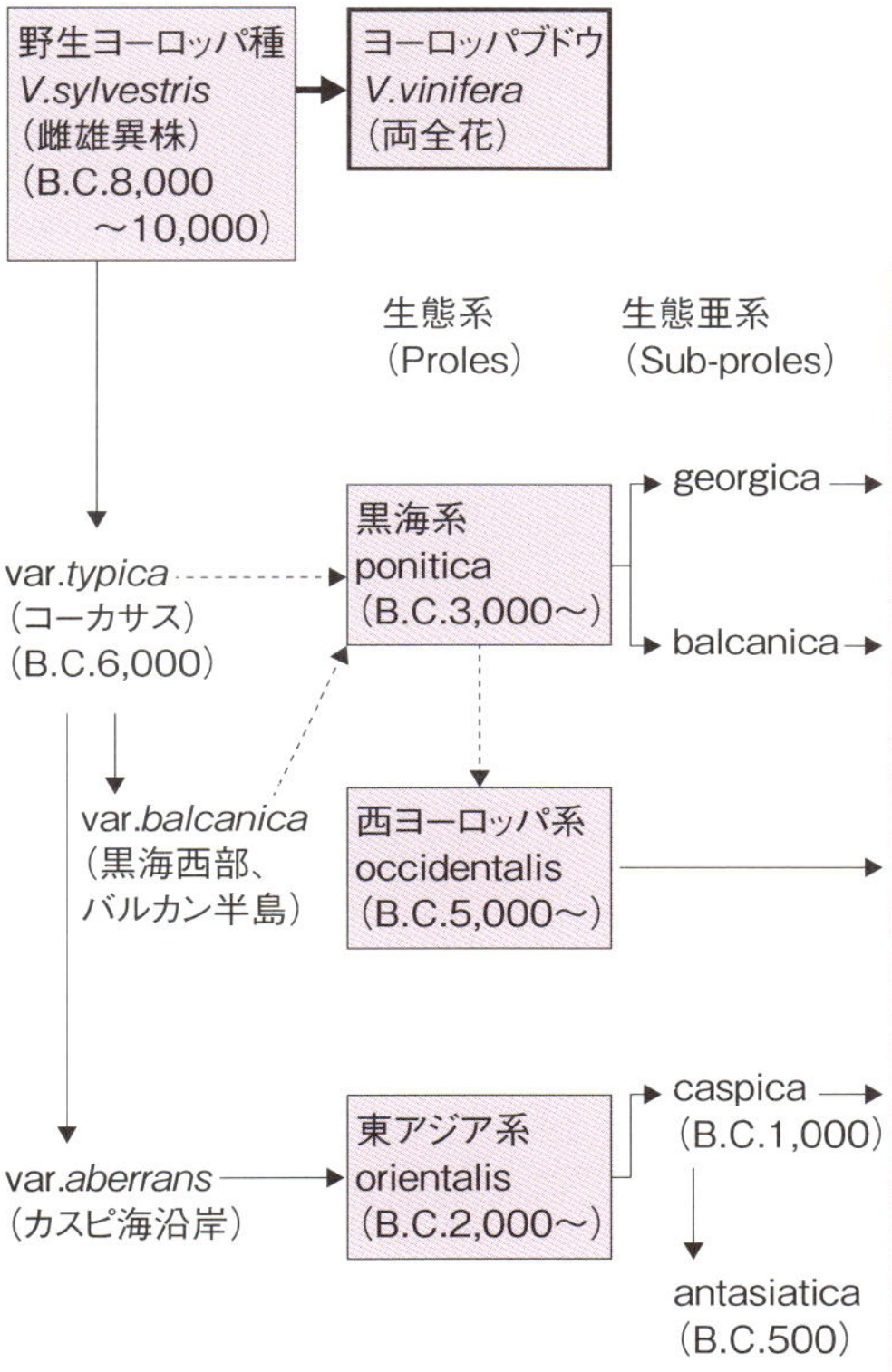

原産地	形　態	用　途	主要品種
小アジア グルジア	葉裏羊または絨毛果房中、果粒中～小、白、桃、黒色	醸造	カチーチ アムラーフー
小アジア 黒海沿岸	葉裏羊または絨毛果房中、果粒中～小、白、桃、黒色	醸造（一部生食、乾果）	フルミント、グロー・コールマン、ブラック・ハンブルグ、コリンス（無核）
西ヨーロッパ（フランス）	葉裏羊毛果粒小～中白または黒色	醸造	ピノー、メルエロー、カベルネ、リースリング
カスピ海沿岸	葉裏無毛果房・果粒大白多し、桃	醸造 生食	テルバシュ、シャスラー、甲州、竜眼
中央アジア、中近東	葉裏無毛果粒大、白多し、桃（無核あり）	生食（一部乾果）	牛奶、ロザキ、フレーム・トーケイ、トムソン、シードレス

注：①（　）内数字は推定発生時期
②Negrul1964,コズマ1970，土屋1968をもとに作成（中川原図）

野生ブドウから両全花の現在の栽培種が発生したのは紀元前3000年から2000年とされ、以前の野生種に比べ果粒や果房が大きく糖度も高くなりました。

これらは *V.vinifere* 1種に属するとされ、さらに栽培と淘汰によって変わってきた形や品質により、①黒海系、②東アジア系、③西ヨーロッパ系の三つに分類されています（**図1・3** Negrul1946）。

②米国ブドウ

氷河期で多くが絶滅しましたが、北アメリカ大陸にも多くの種が生き残り、現在も多く野生ブドウが北アメリカの東部地域、メキシコからカナダまでの河辺に自生し繁栄しています。これらの野生ブドウはアメリカの先住民族に古くから利用されており、生食のみならずワインにも利用されていたようです。

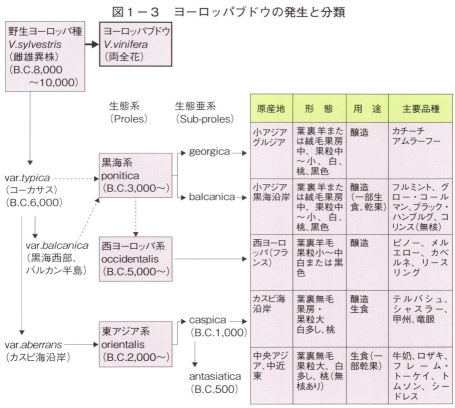

米国（フロリダ）のヤマブドウ系品種

醸造用のヤマブドウ交配種（岩手県葛巻町）

16世紀にはヨーロッパ各国から多数の移民が東海岸に到達してきました。米国ブドウの果実にはヨーロッパ人には不快とされるラブラスカ香があり、また、果肉は柔らかい塊状で品質的には欧州ブドウより劣っていたため、そのまま米国ブドウを利用することはなく、欧州ブドウを導入し栽培が試みられました。

しかし、この試みは北部では冬の低温、中南部では夏季の高温と多湿による多くの病害、フィロキセラという寄生虫の被害で失敗に終わりました。

ちなみに、米国ブドウは、フィロキセラやべと病、うどんこ病などの病害虫への抵抗性や寒さや乾燥への耐性を長い年月をかけて身につけており、北米の気候に適応していました。

18世紀の後半には米国ブドウに改良を加えるため、欧州ブドウとの交雑育種がおこなわれ多くの品種がつくられました。中でも *V.labrusca* は果粒が大きく、この中の純系とされるものに「コンコード」があり、現在でもジュース用品種として利用されています。19世紀以降、米国ブドウの育種が本格的におこなわれました。

なお、日本の露地ブドウのほとんどの品種は欧米雑種であり、この *V.labrusca* の由来です。

③アジア野生ブドウ

アジア東部でもヨーロッパや北アメリカと同様に氷河期以降多くのブドウ属が生き残り、多数の野生ブドウが繁茂しています。現在、チョウセンヤマブドウやサンカクズル、エビズルなど約50種が認められています。しかし、アジア野生ブドウは野生状態のままで古くから採取されていたものの、欧米のように育種、改良はなされないまま放置されてきました。

この理由は、中国へは紀元前1世紀頃には欧州ブドウが導入され、また、日本には鎌倉時代に甲州種が発見されましたが、これらは野生ブドウと比較して果粒も大きく品質も優れていたため、あえて小粒のアジア野生ブドウを改良する必要もなかったと考えられています。

栽培分布と生産量

世界各地で栽培されている主な品種は欧州ブドウと米国ブドウの2系統ですが、欧州ブドウが95％以上を占め、米国ブドウはごくわずかです。栽培分布は北半球では北緯20度から50度、南半球では南緯20度から40度の間にまたがっています。

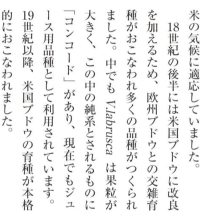

図1－4　世界の主要産地の生産割合

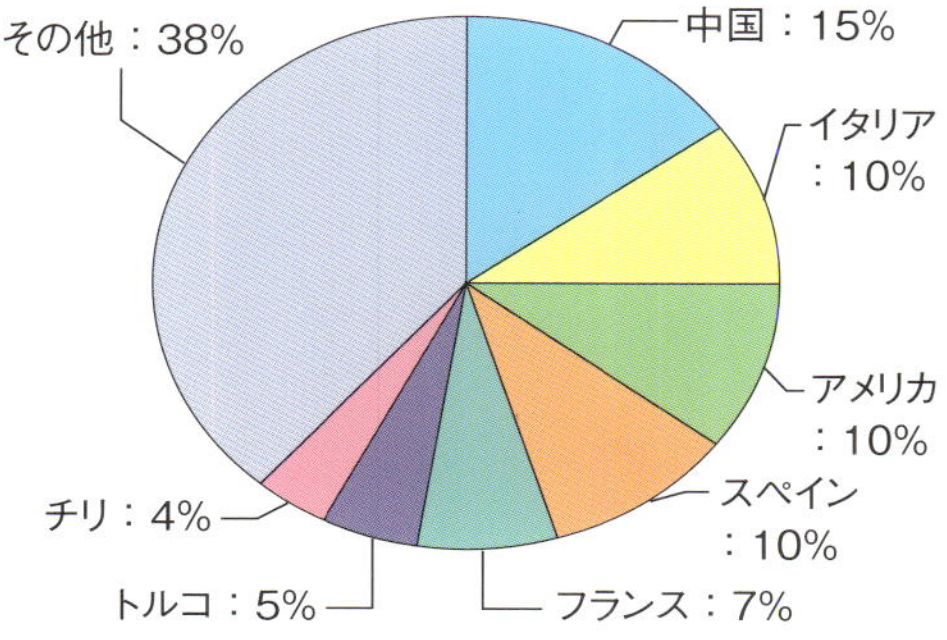

注：果物ナビホームページより

世界の主要産地の2013年の生産量は、トップが中国の約1155万t、次いでイタリアの約801万t、アメリカ約774万t、スペイン約748万t、フランス約552万tであり、日本はわずかに約19万tで40位にランクしています（**図1‐4**）。欧米諸国ではほとんどが醸造用や干しブドウ用ですが、日本ではほとんどが生食用として栽培されています。

樹の一生と生長段階

一般に販売されているブドウの苗木は、母樹の枝を台木に接ぎ木して生産されていますので、種から発芽して育ってきたわけではありません。このため、幼生相や幼若相といった段階を経ることなく、植えつけ後1～2年で結実します。

一方、植物としてのブドウ樹は結実するまでには、いくつかのステージを経過していきます。ブドウ樹の一生、生活環を理解しておくことは、上手に栽培管理をおこなっていくうえで、役にたつことだと思われますので、以下に紹介します。

子葉の展開（実生）

受精～幼生期

植物としてのブドウの樹の一生は、母樹の果粒の中の受精した1個の胚から始まります。

受精した胚は硬核期を経て完成胚（種子）となります。種子は果粒の成熟とともに自発休眠に入ります。自発休眠に入った種子は、ある一定の低温に遭遇すると休眠から覚醒し、その後は、適した条件がそろえば発芽してきます。

まず、種子から根が伸び、その後地上部の子葉が展開し、さらに成葉が現れてきます。

この発芽から成葉が現れるまでを幼生期と呼んでいます。幼生期以降、しばらくは花芽を形成する能力を持たずに栄養生長のみをおこないます。

その後、年を重ねて成木相になり、初めて花穂を持つようになります。

幼木～若木

成木相に達した後も、若い樹では生殖生長に比べて栄養生長が旺盛で、盛んに枝が伸び樹冠と根域を拡大します。葉で光合成により合成された炭水化物は生長のエネルギーとして利用され、また、若い根は旺盛に窒素を吸収し、樹の栄養生長を助けます。

この時期に伸びてくる枝は節間が長く、徒長的で、炭水化物の蓄積は少ない傾向にあります。苗木で購入した場合は、植えつけ後４～５年は盛んに枝が伸びます。

盛果期の成木（巨峰）

成木（盛果期）

苗木を植えてから６～７年がたつと盛果期になります。若木のときに拡大した樹冠に、枝を多く発生させて葉数を増やします。その結果、光合成によるる炭水化物の蓄積が増え、花芽の分化、発達や果実生長に適する状態になります。この果実生産の最も盛んな時期を盛果期と呼びます。

盛果期は栄養生長と生殖生長のバランスが最もよく保たれた状態であり、栽培樹では20年以上継続します。栽培農家では、いかにして盛果期を長く保ち、果実の生産を最大限に発揮させるかが腕の見せ所となります。

老木

ブドウの生物的寿命は数百年にも及ぶとされていますが、栽培場面では盛果期を過ぎた樹は経済的に見れば老木ということになります。老木になると、樹勢は著しく低下し、果実の品質や生産量も低下します。

山梨県内には樹齢１００年を超える甲州種も存在していますが、一般的には、長くても数十年で植え替えられています。ブドウは毎年、官民問わず数多くの品種が育成されています。栽培者も消費者ニーズに合った品種を選び更新していくので、歴史の古い産地といえども、現在の一般的なブドウ栽培園では老木を見つけることは困難です。

栽培適地と気候、土壌

斜面に広がるブドウ園（山梨県甲州市勝沼町）

栽培適地の気候

先に述べたように、ブドウは世界じゅうで広く栽培されており、北半球では北緯20度から50度、南半球では南緯20度から40度の間に主要産地が存在します。これらの産地は、平均気温が10℃から20℃程度の範囲にあります。

降水量は品種によって差がありますが、欧州ブドウは一般に乾燥を好み、米国ブドウは湿潤にも強いのですが、種全体として見れば年間降水量が500㎜から1600㎜あたりまでに主要産地が存在します。

収穫最盛期の樹園地

主要産地（北半球）では厳寒期の平均最低気温の上限は7～8℃、下限はマイナス8～マイナス9℃の間になります。寒い地方は極低温はマイナス20℃前後になりますが、雪下や地中に枝を埋めることで凍害を避けています。

一方、平均最低気温が7～8℃という温暖な地方でも栽培されています。しかし、冬の気温が下がらない地域では、シアナミド剤等の休眠打破剤を使用しない自然状態では自発休眠の打破がむずかしく、発芽や花穂着生が不安定になり安定生産はあまり期待できません。

出荷用のシャインマスカット

表1－1　果樹が抵抗しえるアルカリ塩類の最高濃度

LOUGHRIDGE 1901による

硫酸塩（Glauber Salt）		炭酸塩（Saltsoda）		塩化物（Common salt）		全アルカリ	
ブドウ	40,800	ブドウ	7,550	ブドウ	9,640	ブドウ	45,760
オリーブ	30,640	オレンジ	3,800	オリーブ	6,640	オリーブ	40,160
イチジク	24,480	オリーブ	2,880	オレンジ	3,360	アーモンド	26,400
アーモンド	22,720	ナシ	1,760	アーモンド	2,400	イチジク	26,400
オレンジ	18,600	アーモンド	1,440	クワ	2,240	オレンジ	21,700
ナシ	17,800	乾果用スモモ	1,360	ナシ	1,360	ナシ	20,920
リンゴ	14,240	イチジク	1,120	リンゴ	1,240	リンゴ	16,120
モモ	9,600	モモ	680	乾果用スモモ	1,200	乾果用スモモ	11,800
乾果用スモモ	9,240	リンゴ	640	モモ	1,000	モモ	11,280
アンズ	8,640	アンズ	480	アンズ	960	アンズ	10,080
レモン	4,480	レモン	480	レモン	800	レモン	5,750
クワ	3,360	クワ	160	イチジク	800	クワ	5,740

注：4フィートの深さにおける1エーカー当たりポンド。1フィートは約30㎝、1エーカーは1辺の長さが63m程度の正方形、1ポンドは約453ｇ

以上のように世界の大産地の気象を解析すると、ブドウでは冬の寒さが安定栽培の制限要素にはならず、成熟を左右する夏の冷涼さが経済栽培の北限を決めている、といえます。

土壌の適応性

ブドウの原産地は砂漠などの乾燥地帯であり、現在の世界の主産地の気候から見ても乾燥に対する抵抗性はきわめて強いといえます。

ブドウの土壌中の耐塩性は、ほかの果樹より著しく強い

また、土壌の乾燥に伴って土壌中の塩類濃度は高まる傾向にありますが、耐塩性についてもブドウは、ほかの果樹類よりも著しく強いことが知られています（**表1－1**）。

耐乾性も強い一方で、ほかの果樹に比べ耐水性もかなり強いこともブドウの特徴です。

たとえば、モモやサクランボでは梅雨の長雨などで地下水位が上昇したり局所的に雨水がたまって、根が水に浸かった状態に置かれると根は容易に死滅し給水と蒸散のバランスが崩れ干害を受けやすいのですが、ブドウでは長く湛水状態にあっても根は死なずに生きています。これは、光合成で生じた酸素をなんらかのかたちで根に送り、呼吸を助けているのだろうと考えられています。

以上のように、ブドウは土壌の乾燥にも過湿にも耐え、土壌への適応性はとても大きいといえます。

第 2 章

ブドウの種類・品種と選び方

成熟期のノースレッド

ブドウの分類と特性

ブドウの分類

ブドウはブドウ科ブドウ属（学名：*Vitis*）のつる性植物です。

ブドウ属の分類にはさまざまな意見や報告があり、また、近年、遺伝子解析などの新手法が次々に開発され、新たな知見が得られる可能性もあると思いますが、現在、先にも述べたとおり生食用、または醸造用（世界の総生産量の80％を占める）として栽培されているブドウは以下のとおりに分けられます。

欧州種のロザリオビアンコ

欧州ブドウ（欧州種　*V.vinifera.L.*）
米国ブドウ（米国種　*V.labrusca.L.*）
両者の交雑である欧米雑種
（*V.vinifera.L.*×*V.labrusca.L.*）

なお、野山に自生しているヤマブドウは、同じブドウ属のアジア野生ブドウ（*V.amurensis Rupr*）に区分されます。

欧州種

アジア西部に原生し、コーカサスからギリシア、エジプトを経て地中海沿岸諸国へ伝播するとともに、中央アジア、中国へも伝わり、改良されてきました。

温暖で夏の降水量が少ない地域が原産であるため、雨の多い日本では病気や裂果などが問題となり露地での栽培はむずかしいのですが、果実品質に優れた品種が多く雨よけ施設を中心に栽培されています。

米国種

北米大陸が原産です。冬季低温、夏季多雨といった北米地域の環境条件に適応した特性を持っていますので、栽培に適する範囲が広く、栽培は比較的容易です。現在では嗜好の変化により栽培面積は減少していますが、栽培しやすい長所を生かして、欧州ブドウとの交雑に利用され、欧米雑種が数多く作出されています。

欧米雑種

果実品質が優れる欧州種の特性に、栽培しやすい米国種の特性を付与することを目的に交雑され、現在では、巨峰群品種など数多くの品種が作出されています。

欧州種と米国種の長所を生かして育成されているので、両種の中間的な特性を持っています。近年では「シャインマスカット」のように欧米雑種に欧州ブドウ種をさらに交雑し、より欧州種の品質に近づけた新品種が育成されており、今後の育種の方向性も果実品質と栽培性を兼ね備えた品種をめざすものと思われます。

以上の分類のほか、ジベレリンなどの植物成長調節剤の適用品種として、各材に対する反応性、倍数性や育成経過などを考慮した分類により「2倍体米国系品種」や「巨峰系4倍体品種」などと分類されることもあります。

欧米雑種の陽峰

米国系品種のスチューベン

倍数性による分類

ブドウの染色体は19を基本数とし、体細胞の染色体数は2倍体で38（2n＝38）、3倍体では57、4倍体では76です。世界的に見るとブドウの品種はほとんどが2倍体で、4倍体は少なく、3倍体はごくわずかです。

4倍体品種は、染色体数がなんらかの原因で基本染色体数の4倍になったもので、多くは枝変わりとして発見されました。2倍体品種に比べ花や果粒が元の品種より大きいものが多く、「キャンベルアーリー」の枝変わりの「石原《いしはら》早生《わせ》」や「ロザキ」の枝変わりの「センテニアル」などがあります。

ただ、そのまま経済栽培されているものはほとんどなく、交雑親として利用され「巨峰」や「ピオーネ」、「藤《ふじ》稔《みのり》」など多くの大粒品種が作出されています。

3倍体品種は4倍体品種と2倍体品種の交雑により育成されたもので、自然状態では無核で結実しないので経済栽培ではジベレリン処理が不可欠になります。

赤系の大きな果粒ゴルビー

2倍体の主な品種と特徴

2倍体欧州系

甲州（欧州系）

1186年に現在の山梨県甲州市上岩崎の山中で発見され、栽培に移されたものと伝えられており、以降、山梨県では約800年栽培が続いています。遺伝的には欧州系と野生種の混血と考えられており、比較的病気には強く、裂果の発生も少ないため雨の少ない山梨県では栽培は容易です。

甲州

成熟期は9月下旬以降で、薄紅色の果房がたわわに実った風景は郷愁を誘い、観光ブドウ園では欠かせないものになっています。生食用のほか、白ワインの原料としても利用されており、近年では和食に合うワインとして海外でも評価が高まっています。

ピッテロビアンコ（欧州系）

イタリアまたは北アフリカの在来種で、日本には川上善兵衛氏が1899年に導入しました。果皮色は黄緑色、果粒は先端がとがった弓形で「レディーフィンガー」ともいわれています。

果粒重は7g程度、果肉は崩壊性で硬く果皮が薄く皮ごと食べられます。耐寒性、耐病性が低く露地栽培では裂果が多いので、安定栽培には雨よけ施設での栽培が適しています。

リザマート（欧州系）

旧ソ連ウズベク（現ウズベキスタン）共和国タシケントにあった国立ブドウ研究所において「カッタクルガン」に「パルケントスキー」を交雑して育成した2倍体品種で1962年に発表されました。

熟期は8月中下旬。果皮色は紫赤色、果粒は長楕円形で12〜14gになります。果肉は崩壊性で硬く果皮が薄く皮ごと食べられます。露地栽培では裂果が多いので、安定栽培には雨よけ施設での栽培が適しています。

甲斐路（欧州系）

山梨県甲府市の植原正蔵氏が「フレームトーケー」に「ネオマスカット」を交雑して育成した品種で、1977年に品種登録されました。果粒は10〜

12gと大きく、糖度は高く果肉が締まり食味は優れます。大房で鮮紅色の外観は美しく山梨県を代表する高級品種として定着しています。

リザマート

ピッテロビアンコ

収穫時期は10月以降と晩生《おくて》ですが、「甲斐路」より約20日早く成熟する枝変わり種の「赤嶺《せきれい》」が発見され、現在では早生甲斐路として「赤嶺」が多く栽培されています。雨の少ない山梨県では露地栽培が可能ですが、純欧州種であるため病害の発生には注意が必要です。

赤嶺（早生甲斐路）

甲斐路

ルビー・オクヤマ（欧州系）

ブラジル・パラナ州の奥山孝太郎氏が「イタリア」の枝変わりとして発見した2倍体品種で、１９８４年に品種登録されました。熟期は9月上中旬。

果皮色は紫赤色、果粒は12～16gになります。果肉は崩壊性で硬く果皮との分離は困難ですが、マスカット香があり食味は良好です。雨の少ない山梨県では露地栽培が可能ですが、安定栽培には雨よけ施設での栽培が適してい

ルビー・オクヤマ

ます。

瀬戸ジャイアンツ（欧州系）

岡山県の花澤茂氏が「グザルカラー」に「ネオマスカット」を交雑して育成した2倍体品種で、1989年に品種登録されました。熟期は9月上旬。果皮色は黄緑または黄白色、果粒は「カッタクルガン」に似た短倒卵形で13~16gになります。

岡山県では「桃太郎ブドウ」として有名な品種です。果肉は崩壊性で硬く、果皮との分離は困難です。雄ずい反転性で花粉に稔性がないためジベレリン処理による種なし栽培が前提となります。

瀬戸ジャイアンツ

サニードルチェ

サニードルチェ（欧州系）

山梨県果樹試験場において「バラディ」に「ルビー・オクヤマ」を交雑して育成した2倍体品種で、2009年に品種登録されました。熟期は8月下旬。果皮色は鮮紅色、果粒重は12~15gになり、果肉は崩壊性で硬く皮ごと食べられます。

雄ずい反転性であるためジベレリン処理が必須となります。成熟期に果粒が萎むことがありますが、ジベレリン処理時にフルメット液剤を加用して処理すると軽減されます。

2倍体欧米雑種

デラウェア（欧米雑種）

1850年頃に米国ニュージャージー州で発見された偶発実生《みしょう》で、日本には1870~1880年代にフランスやアメリカから導入されました。食味が優れ栽培しやすいことから、栽培が普及し、現在でも早生の代表的な品種として全国的に栽培されているおなじみの品種です。

現在ではほとんどがジベレリン処理により種なし栽培されています。種なし栽培すると露地でも7月に収穫できるのでブドウシーズン開幕の一番バッターです。果房は150g程度、果粒は平均1・8gと小粒ですが、果肉は果皮と離れやすく、多汁で甘みが強く食味は良好です。

キャンベルアーリー（欧米雑種）

1892年に米国オハイオ州デラウエアのキャンベル氏が「ムーアアーリー」に「ベルビデレ」と「マスカットハンブルグ」との雑種の花粉を交雑して育成した品種です。果粒重は5～6g、果皮色は紫黒色、果肉は塊状で果皮が分離しやすく食べやすいです。

欧米雑種ですが、米国系の性質が強く、耐寒性に優れ、また、雨の多い日本の気候によく適応して北海道から九州まで広い地域で栽培されています。熟期は8月中旬ですが、寒い地域では1か月ほど成熟が遅れます。

キャンベルアーリー

デラウェア

マスカット・ベーリーA（欧米雑種）

新潟県の川上善兵衛氏が「ベーリー」に「マスカットハンブルグ」を交雑して得られた実生の中から選抜した2倍体品種で、1940年に命名、発表されました。気候や土壌の適応性が広いので、戦後、全国各地で栽培されるようになりました。

現在でも生食と醸造の兼用品種として広く栽培されています。生食用ではジベレリン処理により種なし化された果実が生産され、ニューベーリーAの名称で販売されています。醸造用では濃厚な色調の赤ワインの原料として利用されています。結実性が良好で病気にも強いので家庭栽培に向く品種の一つです。

マスカット・ベーリーA

ノースレッド（欧米雑種）

現在の（独）農業・食品産業技術総合研究機構果樹茶業研究部門において「セネカ」に「キャンベルアーリー」を交雑して育成された2倍体品種で、19

９０年に品種登録されました。果皮色は赤で果粒重は５ｇ程度になります。

甘みが強く、イチゴに似たフォクシー香があります。耐寒性が強いので栽培適地も広く、北海道や東北地方でも安定栽培が可能です。

ノースレッド

オリエンタルスター

また、結実性も良好で病気にも強いので、栽培しやすく家庭栽培に向く品種と思われます。

オリエンタルスター（欧米雑種）

現在の(独)農業・食品産業技術総合研究機構果樹茶業研究部門において「ブドウ安芸津《あきつ》21号（スチューベン×マスカットオブアレキサンドリア）」に「ルビー・オクヤマ」を交雑して育成した紫赤色の２倍体品種で２００４年に品種登録されました。

果粒重は10～12ｇ。果肉は崩壊性で硬く締まっています。熟期は8月下旬で裂果や脱粒もなく栽培は容易です。

シャインマスカット

出荷用のシャインマスカット

シャインマスカット（欧米雑種）

現在の(独)農業・食品産業技術総合研究機構果樹茶業研究部門において「ブドウ安芸津21号（スチューベン×マスカットオブアレキサンドリア）」に「白南」を交雑して育成した黄緑色の２倍体品種で２００６年に品種登録されました。

近年、食味のよさと比較的栽培しやすいことから全国的に栽培が広まっています。ほとんどがジベレリン処理による種なし栽培です。

ナイアガラ

黒いバラード

ナイアガラの樹園地

果粒重は15g程度と大粒で果肉が硬く、皮ごと食べられます。また、マスカット香があり、糖度が高く、酸味が少ないため食味が優れ、消費者には大人気の品種となっています。今後も全国的に栽培の増加が予想されます。

黒いバラード（欧米雑種）

甲府市の米山孝之氏が「米山3号（リザマート×セネカ）」に「ベニバラード」を交雑して育成した品種で、2009年に品種登録されました。果粒重は8～10g、果房重は400g程度になります。

糖度は高く20度以上になり、黒糖のような香りがして食味は優れます。種なし化した果房の成熟期は7月下旬と極早生です。なお、ジベレリン処理だけでは種子が残りやすいのでアグレプト液剤の処理が必要となります。

2倍体米国系

ナイアガラ（米国系）

1872年に米国ニューヨーク州のホーグ氏とクラーク氏が「コンコード」に「キャサディ」という品種を交雑して作出したといわれています。親の両品種とも北アメリカの野生種であるラブラスカ種から選抜された品種であり、「ナイアガラ」は純粋な米国系品種といえます。

日本には1893年に導入され、耐寒性が強く冷涼な気候を好むことから北海道や東北地方、長野県で栽培が広がりました。花穂の着生もよく、花ぶるいも少ないための栽培は比較的容易です。独特のラブラスカ香があり、この香りを好む一部のファンからは、根強い支持を得ています。

3倍体の主な品種と特徴

キングデラ（欧米雑種）

大阪府の中村弘道氏が「レッドパール（デラウェアの枝変わり4倍体）」に「マスカットオブアレキサンドリア」を交雑して育成した3倍体品種で、1985年に品種登録されました。熟期は8月上旬で「デラウェア」より1週間ほど遅く収穫できます。ジベレリン処理した果粒は3～4g、果房重は300～400gになります。

果皮色は紫赤色、果肉は塊状で果皮と分離しやすく食味は「デラウェア」に似ています。ジベレリン処理は「デラウェア」と異なり満開期と満開2週間後の2回、50ppmで実施します。

キングデラ

サマーブラック（欧米雑種）

山梨県果樹試験場において「巨峰」に「トムソンシードレス」を交雑して育成した3倍体品種で、1999年に品種登録されました。熟期は8月上旬で「キングデラ」と同時期に収穫できます。

ジベレリン処理した果粒重は7～10g、果房重は400g程度になります。果皮色は紫黒色、果肉は塊状と崩壊性の中間でやや硬く、果皮との分離は難です。糖度は20度以上になり濃厚な食味となります。熟期を過ぎると果梗のつけ根に三日月状の裂果が発生することがあります。

サマーブラック

甲斐美嶺（欧米雑種）

山梨県果樹試験場において「レッドクイーン」に「甲州三尺」を交雑して育成した3倍体品種で、2000年に品種登録されました。熟期は8月中下旬で「巨峰」と同時期に収穫できます。

ジベレリン処理した果粒重は5～7g、果房重は400g程度になります。果皮色は黄緑色、果肉は塊状ですが果皮との分離はやや難です。裂果はほとんどなく脱粒も見られないので栽培しやすい品種です。

甲斐美嶺

4倍体の主な品種と特徴

巨峰

静岡県の大井上康《おおいのうえやすし》氏が「石原早生（キャンベルアーリーの変異）」に「センテニアル（ロザキの変異）」を交配して育成した4倍体の品種で、1945年に命名、発表されました。

大粒で食味もよいため、全国各地で栽培が広がり、現在では栽培面積も第1位となり日本を代表する品種になっています。また、「巨峰」を親とする品種も数多く育成され、それらは「巨峰群品種」という一大グループを形成しています。

熟期は8月中旬から9月上旬。果皮色は紫黒色、果粒重は10～15gになります。多汁で食味は良好です。ジベレリンによる種なし栽培も可能で、現在ではその比率も増えつつあります。

箱詰めの巨峰

巨峰

出荷用のピオーネ

ピオーネ

ピオーネ

静岡県の井川秀雄氏が「巨峰」を親にして育成した4倍体品種です。1973年に「ピオーネ」の名で名称登録されました。15～20gになる果粒は大きさで巨峰を凌ぎ、果肉が締まり食味は良好です。数多き巨峰群グループを代表する優良品種です。

登録された当初は、樹勢が旺盛で花ぶるい性も強かったため、「暴れ馬」

と呼ばれるくらい栽培がむずかしかったようです。

　しかし、ジベレリンによる種なし栽培技術が確立されてからは、結実も安定し栽培しやすくなりました。熟期は8月下旬で「巨峰」より少し遅い時期になります。

悟紅玉（ゴルビー）

ゴルビー

甲府市の植原宣紘《のぶひろ》氏が「レッドクイーン」と「伊豆錦」を交配（1983年）して育成した4倍体の品種です。巨峰群グループの赤系品種の中では、果粒が大きくボリューム感があり注目されています。
　果粒重は15～18g、中には20gを超えるものもあります。果肉が硬く締まっていて食味は優れます。
　花ぶるい性が強いので、ジベレリン処理により種なし栽培することで栽培は安定します。
　なお、「ゴルビー」という旧名ですが、大きくて丸くて赤い果粒から旧ソ連のゴルバチョフ大統領をイメージして命名したとのことです。

藤稔

藤稔

神奈川県の青木一直氏が「井川682号」と「ピオーネ」を交配して育成した4倍体品種で、1985年に品種登録されました。巨峰群グループの黒系品種の中では果粒が最も大きく、ボリューム感があります。果粒重は15～20g、中には25gを超えるものもあります。
　果肉は「巨峰」よりやや柔らかくジューシーで観光園では大人気の品種です。新梢が徒長せず種が入りやすいので、種なし栽培する場合は強めの樹勢に導く必要があります。成熟期は8月中旬で「巨峰」とほぼ同時期に収穫できます。

紫玉

甲府市の植原宣紘氏が巨峰高墨系の枝変わりから選抜・育成した4倍体の品種で、1987年に品種登録されました。果皮は紫黒色、果粒重は12g程度と「巨峰」よりもやや小さめです。

果肉は崩壊性と塊状の中間で果皮との分離は良好です。ジベレリン処理により種なし化した果房は育成地（甲府市）において「巨峰」よりも2週間程度早く成熟するため、早生の4倍体品種として注目されています。

翠峰

紫玉

安芸クイーン

現在の(独)農業・食品産業技術総合研究機構果樹茶業研究部門において、「巨峰」を自家受粉させて得られた実生の中から選抜された4倍体品種で1993年に品種登録されました。果皮色は赤色で果粒重は平均13g程度になる大粒種です。

果肉は「巨峰」よりもやや硬く、甘みが強く食味は優れています。花ぶるい性がやや強いので、結実安定をはかるためジベレリン処理により種なし栽培をおこなうとよいでしょう。

成熟期は8月中旬で「巨峰」と同じか、やや早く収穫できます。巨峰群グループの中の代表的な赤系品種の一つです。

成熟間近の安芸クイーン

安芸クイーン

翠峰

福岡県農業総合試験場園芸研究所において「ピオーネ」と「センテニアル」を交配して育成した4倍体品種で、1996年に品種登録されました。果皮色は黄緑または黄白色で、果粒重は15～20g程度になり非常にボリューム感があります。

熟期は9月上旬で「巨峰」や「ピオ

ーネ」よりやや遅い時期になります。糖度は17度程度ですが、ウイルスフリー化された系統の中には糖度が高めなものもあるようです。巨峰群グループの中の代表的な黄緑系品種の一つです。

陽峰の樹園地

陽峰

陽峰

福岡県農業総合試験場園芸研究所において「巨峰」と「アーリーナイアベル」を交配して育成した4倍体品種で、1997年に品種登録されました。4倍体ブドウとしては花ぶるい性が少なく種あり栽培でも安定して栽培できます。果粒重は8～10g、果肉はやや柔らかく、強めのフォクシー香が特徴です。

赤系4倍体品種では花ぶるいや着色障害が栽培上の問題となりやすいのですが、「陽峰」はよく着色し栽培もしやすいので、家庭栽培にも向く品種の一つです。成熟期は8月上中旬で「巨峰」よりも早く収穫できます。

サニールージュ

サニールージュ

現在の(独)農業・食品産業技術総合研究機構果樹茶業研究部門において、「ピオーネ」と「レッドパール」を交配して育成された4倍体品種で2000年に品種登録されました。果皮色は赤褐色で果粒重は平均5～7g程度になります。

果肉は塊状で果皮との分離がよく食べやすく、酸含量が少ないので食味は優れています。自然状態では花ぶるい性が強いので、ジベレリン処理による種なし栽培が前提です。成熟期は8月上旬で「巨峰」よりも早く収穫できます。

ブラックビート

熊本県の河野隆夫氏が「藤稔」と

クイーンニーナ

ブラックビート

「ピオーネ」を交配して育成した4倍体品種で、2004年に品種登録されました。

近年、黒系の巨峰群グループにおいて着色不良が問題となる中、この品種は毎年安定して着色することが特徴の一つです。一方、着色が先行するため食味を確認してからの収穫が重要となります。

果粒重は15～20gで「ピオーネ」と同じくらいになりボリューム感があります。成熟期は8月中旬で「巨峰」とほぼ同時期に収穫できます。

クイーンニーナ

(独)農業・食品産業技術総合研究機構果樹茶業研究部門において、「安芸津20号（紅瑞宝×白峰）」と「安芸クイーン」を交配して育成した4倍体品種で2011年に品種登録されました。果皮色は赤色で、果粒重は15～18g程度になる極大粒種です。糖度は20度以上と高く、肉質は硬く食味は優れます。

熟期は8月下旬から9月上旬で「巨峰」よりもやや遅く収穫できます。4倍体品種の中では果肉が比較的硬く、欧州系ブドウに近い肉質を持っています。

サンヴェルデ

サンヴェルデ

(独)農業・食品産業技術総合研究機構果樹茶業研究部門において、「ダークリッジ」と「センテニアル」を交配して育成した4倍体品種で2011年に品種登録されました。果皮色は黄緑色で、果粒重は12～15g程度になります。糖度は20～21度になり、肉質は崩壊性で硬く食味は優れます。

熟期は8月中旬から下旬で「巨峰」や「ピオーネ」とほぼ同時期に収穫できます。この品種も4倍体品種の中では果肉が比較的硬く、欧州系ブドウに近い肉質を持っています。

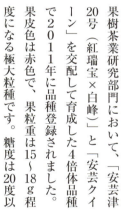

果粒重(g)	香り	肉質
4～5	無	塊状
10～12	無	崩壊
1.5～2	無	塊状
4～5	フォクシー	塊状
10～15	マスカット	崩壊
4～5	フォクシー	塊状
10～15	無	崩壊
10～15	無	崩壊
12～15	マスカット	崩壊
11～13	マスカット	崩壊
10～15	無	崩壊
5～6	無	崩壊
13～15	無	崩壊
16～18	無	崩壊
10～14	その他	崩壊
1.5～2	無	塊状
8～10	無	中間
3～4	無	塊状
7～10	フォクシー	中間
5～7	フォクシー	塊状
10～12	フォクシー	中間
10～15	フォクシー	中間
15～20	フォクシー	中間
10～15	フォクシー	中間
15～18	フォクシー	中間
8～10	フォクシー	塊状
8～10	フォクシー	中間
15～20	無	崩壊
15～20	無	中間
10～15	特殊	中間
13～15	フォクシー	中間
13～16	無	崩壊
13～18	無	中間
11～14	無	中間
5～6	フォクシー	塊状
11～12	フォクシー	中間
9～10	その他	中間
14～18	無	中間
14～16	フォクシー	崩壊
12～13	その他	崩壊
13～15	フォクシー	中間

ブドウ品種の選び方の要諦

毎年、官民問わず多くの品種が登場しています。**表２‐１**に主要品種の特性を紹介しましたが、毎年発行される苗木屋さんのカタログにもビジュアルに優れたさまざまな品種が掲載されています。

野菜や花とは異なり、結実し成園になるまでに数年を要する果樹においては、経営の安定のため将来を見越した品種選択がきわめて重要な判断となることはいうまでもありません。

「どんな品種がこれから伸びるのでしょうか？　なにを植えればいいでしょうか？」

農家のみなさんからよく質問されますが、ズバリ○○と答えることはなかなかできません。しかし、品種を導入するさいに最低限留意すべきと思われる事柄があります。

消費者のニーズに合致

趣味でブドウ栽培を楽しむ範囲では、自分が気に入った品種を栽培することは自由です。しかし、経済栽培をめざす以上は、栽培したブドウが販売できなければなりません。

無農薬や「種あり」にこだわった栽培もけっこうだと思います。ただし、消費者の嗜好を無視した粗悪品を販売しようとしてもリピーターは育たず、また、マーケットの広がりも期待できません。

近年、消費者の食味への要求は高まっており、よりおいしいものを求めるようになっています。最近では「食べやすさ」も重要な要素となっています。

日本農業新聞の果樹の売れ筋期待値ランキング記事（２０１５年）により

表2−1　ブドウ主要品種の特性一覧

種名	倍数性	系統	交配親	熟期*	着色	果粒形
甲州	2倍体	欧州種	甲斐国勝沼（祝村）で発見	9月下〜10月下	紫赤色	短楕円
甲斐路	2倍体	欧州種	フレームトーケー×ネオマスカット	9月下〜10月下	赤色	卵
デラウェア	2倍体	欧米雑種	アメリカ合衆国で発見	7月下〜8月中	紫赤色	円
ノースレッド	2倍体	欧米雑種	セネカ×キャンベルアーリー	8月下〜9月上	赤褐色	円
シャインマスカット	2倍体	欧米雑種	ブドウ安芸津21号×白南	8月中〜9月上	黄緑色	短楕円
ナイアガラ	2倍体	米国種	コンコード×キャサディ	9月上〜中	黄白色	円
ロザリオビアンコ	2倍体	欧州種	ロザキ×アレキ	9月上〜中	黄緑色	倒卵
瀬戸ジャイアンツ	2倍体	欧州種	グザルカラー×ネオマスカット	8月下〜9月上	黄緑色	短倒卵
ルビー・オクヤマ	2倍体	欧州種	イタリアの枝変わり	9月上〜中	赤色	短楕円
ブラジル	2倍体	欧州種	紅高の枝変わり	8月下〜9月上	暗赤黒色	短楕円
マニキュアフィンガー	2倍体	欧州種	ユニコン×バラディ	9月上〜中	紫赤色	長楕円
ピッテロビアンコ	2倍体	欧州種	イタリアまたは北アフリカ原産	9月下〜10月上	黄緑色	弓
リザマート	2倍体	欧州種	カッタクルガン×パルケントスキー	8月中	紫赤色	長楕円
ジュエルマスカット	2倍体	欧米雑種	山梨47号×シャインマスカット	9月上〜中	黄緑色	長楕円
サニードルチェ	2倍体	欧州種	バラディ×ルビー・オクヤマ	8月下〜9月上	赤色	長楕円
紅南陽	2倍体	欧米雑種	デラウェアの枝変わり	7月中〜下	紫赤色	短卵
オリエンタルスター	2倍体	欧米雑種	安芸津21号×ルビー・オクヤマ	8月下〜9月上	紫赤色	短楕円
キングデラ	3倍体	欧米雑種	レッドパール×アレキ	8月上	紫赤色	卵
サマーブラック	3倍体	欧米雑種	巨峰×トムソンシードレス	8月上〜中	紫黒色	円
甲斐美嶺	3倍体	欧米雑種	レッドクイーン×甲州三尺	8月中〜下	黄白色	扁円
BKシードレス	3倍体	欧米雑種	マスカット・ベーリーA×巨峰	9月上	紫黒色	円
巨峰	4倍体	欧米雑種	石原早生×センテニアル	8月中〜9月上	紫黒色	倒卵
ピオーネ	4倍体	欧米雑種	巨峰×？	8月中〜9月上	紫黒色	倒卵
安芸クイーン	4倍体	欧米雑種	巨峰の自家受粉、実生	8月中〜9月上	赤色	倒卵
ゴルビー	4倍体	欧米雑種	レッドクイーン×伊豆錦	8月中〜9月上	赤色	倒卵
陽峰	4倍体	欧米雑種	巨峰×アーリーナイアベル	8月上〜中	赤色	短楕円
高尾	4倍体**	欧米雑種	巨峰の実生	8月中〜下	紫黒色	楕円
伊豆錦	4倍体	欧米雑種	井川205号×カノンホールマスカット	8月中〜下	紫黒色	短楕円
藤稔	4倍体	欧米雑種	井川682号×ピオーネ	8月中〜下	紫黒色	短楕円
紫玉	4倍体	欧米雑種	巨峰高墨系の枝変わり	8月上〜中	紫黒色	短楕円
シナノスマイル	4倍体	欧米雑種	高墨の自然交雑実生	9月上	赤色	短楕円
紅義	4倍体	欧米雑種	巨峰の偶発実生	9月上〜中	赤褐色	倒卵
翠峰	4倍体	欧米雑種	ピオーネ×センテニアル	8月下〜9月上	黄白色	長楕円
多摩ゆたか	4倍体	欧米雑種	白峰の自然交雑実生	8月中〜下	黄白色	短楕円
サニールージュ	4倍体	欧米雑種	ピオーネ×レッドパール	8月上	紫赤色	短楕円
ダークリッジ	4倍体	欧米雑種	巨峰×(巨峰×ナイアベル)	8月中〜下	紫黒色	短楕円
ハニービーナス	4倍体	欧米雑種	紅瑞宝×オリンピア	8月下	黄緑色	短楕円
ブラックビート	4倍体	欧米雑種	藤稔×ピオーネ	8月上〜中	紫黒色	短楕円
クイーンニーナ	4倍体	欧米雑種	安芸津20号×安芸クイーン	9月上〜中	赤色	倒卵
サンヴェルデ	4倍体	欧米雑種	ダークリッジ×センテニアル	9月上〜中	黄緑色	倒卵
甲斐のくろまる	4倍体	欧米雑種	ピオーネ×山梨46号	8月上	青黒色	球

*熟期、果粒重は一部の品種を除き山梨市の露地栽培においてジベレリン処理による種なし化した場合の値
**高尾は染色体数が少ない低位4倍体

ますと、ブドウでは「シャインマスカット」と「ナガノパープル」が上位にランクインしています。両品種とも種なしで大粒、果肉が噛み切れるような硬い肉質で皮ごと食べることができます。甘さ、おいしさに加え「食べやすさ」が消費者志向になっていることがうかがえます。

「ナガノパープル」は今のところ地域限定の品種ですが、「シャインマスカット」については全国的に栽培面積も増えており、これからも伸びていく品種ではないでしょうか。

これまで「デラウェア」や巨峰群品種が品種構成の大部分を占めていましたが、食味と食べやすさ、栽培しやすさを兼ね備えた「シャインマスカット」は、まさに画期的な品種といってもよいでしょう。

ブドウ産地の直売所の棚

なお、「デラウェア」や巨峰群についても食べやすく、食味が日本人の嗜好に合っていると思われるので、これからも主要品種の一角に位置するものと思われます。

種なし化が容易

先にも述べたようにブドウにおいては「種なし」は消費者が購入するときの前提条件になっています。現在、種なし化はジベレリンなどの植調剤処理によりほとんどの品種で可能となっています。

初夏から出回るデラウェア

しかし、ジベレリン処理はショットベリーの着粒も助長しますので、花蕾数が多い品種では摘粒に非常に手間がかかるといった問題も生じます。たとえば「甲斐路」や「ネオマスカット」などでは種なし栽培はむずかしいとされています。品種を導入するさいにはこういった問題にも留意しておく必要があります。

栽培性に問題が少ない

どんなに果実品質が優れていたとしても、栽培がむずかしい品種は導入すべきではありません。裂果が発生せず、病害にも強い品種を選択すべきです。

裂果しにくい品種

とくに欧州系の高級種といわれる品

表2－2　各品種における短梢剪定栽培の適応性

分類	品　種	適応性	備　考
4倍体黒色	ピオーネ	○	果実品質は長梢剪定と同等、省力化も期待できる 極端に樹勢が強いと房形が乱れることも（房が横に張る）
4倍体黒色	藤稔	○	果実品質は長梢剪定と同等、省力化も期待できる 新梢が折れやすいので誘引に注意が必要
4倍体黒色	ブラックビート	○	果実品質は長梢剪定と同等、省力化も期待できる 新梢が折れやすいので誘引に注意が必要
4倍体黒色	巨峰	○	果実品質は長梢剪定と同等、省力化も期待できる
4倍体黒色	ダークリッジ	○	果実品質は長梢剪定と同等、省力化も期待できる
3倍体黒色	サマーブラック	○	果実品質は長梢剪定と同等、省力化も期待できる
4倍体赤色	サニールージュ	○	果実品質は長梢剪定と同等、省力化も期待できる 花穂伸長処理を併用するとカサ・袋かけ作業も容易に
4倍体赤色	安芸クイーン	△	栽培は可能。省力化も期待できるが、年により着色が不安定になることがある
4倍体赤色	ゴルビー	△	栽培は可能。省力化も期待できるが、年により着色が不安定になることがある
4倍体赤色	クイーンニーナ	○	果実品質は長梢剪定と同等、省力化も期待できる 樹勢がやや弱いので、新梢管理の手間が比較的少ない
4倍体黄緑色	翠峰	×	基芽の房持ちが悪いため短梢剪定栽培は向かない
4倍体黄緑色	多摩ゆたか	○	果実品質は長梢剪定と同等、省力化も期待できる
4倍体黄緑色	ハニービーナス	○	果実品質は長梢剪定と同等、省力化も期待できる
4倍体黄緑色	サンヴェルデ	×	房持ちがやや悪く、芽座が欠損しやすいので短梢剪定栽培は向かない
2倍体紫赤色	デラウェア	□	栽培は可能。しかし、果房も小さくなり、また杭通し線の間隔が7尺5寸の間（約5㎡）でつくられた甲州棚では、長梢剪定栽培に比べ収量が少ない
3倍体紫赤色	キングデラ	□	栽培は可能。しかし、果房も小さくなり、また杭通し線の間隔が7尺5寸の間（約5㎡）でつくられた甲州棚では、長梢剪定栽培に比べ収量が少ない
2倍体黒色	オリエンタルスター	○	果実品質は長梢剪定と同等、省力化も期待できる
2倍体黒色	ブラジル（有核）	○	果実品質は長梢剪定と同等、省力化も期待できる
2倍体黒色	ウインク	×	基芽の房持ちが悪いため短梢剪定栽培は向かない
2倍体赤色	赤嶺（有核）	×	着色が不安定になりやすい 弱めの樹勢で果実品質が優れるので長梢剪定栽培が向く
2倍体赤色	サニードルチェ	○	果実品質は長梢剪定と同等、省力化も期待できる やや強めの樹勢で果実品質が優れる 新梢が折れやすいので誘引に注意が必要
2倍体赤色	甲州（有核）	□	栽培は可能。大きな省力効果は期待できず、果房も小さくなるので長梢剪定栽培が向く
2倍体黄緑色	シャインマスカット	○	果実品質は長梢剪定と同等、省力化も期待できる
2倍体黄緑色	天山	×	基芽の房持ちが悪いため短梢剪定栽培は向かない
2倍体黄緑色	ロザリオビアンコ（有核）	×	基芽の房持ちが悪いため短梢剪定栽培は向かない

注：○適応可能、△適応できるが、一部問題あり、×短梢剪定栽培は向かない。
□栽培はできるが、利点が少なく長梢剪定栽培が向く。

種の中には、雨の多い露地で栽培すると成熟期に裂果するものがあります。果皮が薄く果肉が硬いので、皮ごと食べられ食味のよい品種が多いのですが、ベテランでも栽培がむずかしく、雨よけ施設のない露地では避けたほうがよいでしょう。

病気に強い品種

べと病や黒とう病、晩腐病など大発生してしまうと減収につながる病害もあります。経済栽培している園では薬剤の予防散布をしますが、これらの病害に弱い品種は、降雨の多い年に壊滅的な被害を受けることがあります。雨よけ施設がない場合は、病気にかかりにくい品種を選ぶことが大切です。

短梢剪定栽培のピオーネ

寒さに強い品種

冬季の最低気温がマイナス10℃以下になるような寒冷地では、樹の幹が割れたり、春先に発芽しないことがあります。ブドウ農家は樹体を土に埋めて寒さから守っていますが、このような地域では、初めから寒さに強い米国系品種か欧米雑種の品種にすることが無難です。

短梢剪定に適応した品種

最近では省力化の観点から短梢剪定栽培が可能かどうかを品種選択の判断基準にしている農家も増えています。

出荷姿のピオーネ

短梢剪定栽培は一律に1芽残して剪定しますが、品種によっては花穂の着生がよくないものもあります。短梢剪定を前提とする場合には、39頁の**表2-2**に示したように花穂着生がよい品種を選択するようにします。

出荷量が確保できる

出荷した品種が市場などで評価を得るためには、毎年継続してある程度の量が出回り、認知されることが必要となります。

個人の努力では限界があるのですが、地域や生産者団体などが連携しての栽培の拡大が必要になります。さらには、選果などが徹底され、出荷されるブドウの規格・品質・糖度などが高いレベルで平準化していることも、評価を高め高値販売するためには重要となります。

第３章

苗木の植えつけ方・仕立て方

台木を利用した接ぎ木苗

苗木の選び方と求め方

果樹はいったん植えつけると、10年20年と長年にわたり栽培していきます。先述したとおり、将来を見越し、消費者のニーズに合致し自園の栽培環境に合った品種を選択することがなによりも肝要です。そして、品種が決まったら苗木の準備に入ります。

台木は品種により、特性が異なる

接ぎ木苗を選ぶ

ブドウは挿し木で簡単に増やすことができます。鉢やプランターで栽培する場合には、挿し木した苗（自根苗）で栽培してもかまいません。一方、経済栽培をおこなう場合は、接ぎ木苗を用いるほうが安心です。接ぎ木苗には、以下のような利点があります。

ブドウにはフィロキセラという根に寄生する害虫がいますが、接ぎ木に使われる台木はこの害虫に抵抗性を有しています。このため、接ぎ木苗にフィロキセラが寄生することはありません。自根苗には寄生する危険性が高く、一度寄生してしまうと駆除は非常に困難になります。

そこで抵抗性を有した台木の利用が一般的となっています。また、台木は品種により樹勢の強弱や耐乾性、耐湿性、石灰抵抗性などの特性が異なるため、土壌や穂品種に適した自分が意図する台木を選ぶことができます。たとえば早めに樹勢を落ち着かせたい場合は矮性《わいせい》のグロワールや準矮性の101-14などを選ぶようにします。

一方、1樹で樹冠を拡大したい場合や樹勢低下が問題となるハウスでは1202やセントジョージ（ルペストリス・デュ・ロットの通称）などの強勢台を選ぶとよいでしょう。**表3-1**に国内で流通している台木の特性を示しましたので苗木購入のさいには参考にしていただきたいと思います。

ブドウ専門の苗木業者から購入する場合であれば台木を指定することもできるので、購入のさいには問い合わせるようにします。また、台木のみの販売もおこなわれているので、自園に合った苗を自作することもできます。

表3－1　台木品種の特性

台木品種	台負け	耐寒性	耐乾性	耐湿性	石灰抵抗性	根群	発根
リパリア・グロワール・ド・モンペリエ（純）	極くする	やや強	やや弱	強	弱	細・浅	良
ルペストリス・デュ・ロット（純）	しない	強	極強	弱	やや強	太・深	良
ベルランディエリ レッセギー1号（純）	する	強	強	強	極強	やや深	不良
リパリア×ルペストリス3309	少ない	極強	極強	中	やや弱	中	中
リパリア×ルペストリス3306	ややする	強	強	極強	やや弱	中	中
リパリア×ルペストリス101－14	ややする	強	やや弱	やや弱	弱	浅	良
ムルベードル×ルペストリス1202	しない	弱	強	極強	弱	太・深	良
ルペストリス×カベルネ・イブリッド・ブラン	しない	弱	やや弱	やや強	弱	太・深	良
シャスラー×ベルランディエリ41－B	ほとんどしない	中～弱	やや弱	やや強	やや強	太・深	極不良
ベルランディエリ×リパリア・テレキ5BB	ややする	強	極強	やや弱	極強	やや浅	中
ベルランディエリ×リパリア・テレキ5C	する	極強	強	強	強	中～深	中
ベルランディエリ×リパリア・テレキ8B	する	強	強	中～強	やや強	中	不良
ベルランディエリ×リパリアSO.4	する	強	強	強	強	強やや深	良
ベルランディエリ×リパリア420A	少ない	極強	極強	中～強	強	細・中	極不良
モンティコラ×リパリア188-08	ややする	強	極強	強	？	やや深	不良

注：①フィロキセラ抵抗性については、日本では問題なく全品種利用できるため割愛した
②出典『日本のブドウハンドブック』植原宣紘・山本博
参考文献　土屋長男著「実験葡萄栽培新説」
植原宣紘「ぶどうの台木を考える」山梨の園芸1972年6月号P25～31
土屋長男「ぶどうの台木　SO.4とは」山梨の園芸1949年8月号 P58～59
P.GALET「PRECIC　D'AMPELOGRAPHIE　PRATIQUE」MONTPELLUIER　1971
Winkler「GENERAL VITICULTURE」University of California 1974

苗木の注文と購入方法

苗木は予約販売が主におこなわれています。電話やメール、ＦＡＸなどであらかじめ苗木業者に注文をします。とくに人気の品種や希少品種は在庫がない場合がありますので予約しておくとよいでしょう。

なお、注文がきわめて少ない品種は「受注生産方式」となります。この場合、採穂がおこなわれる11～12月の前までに注文するようにします。注文を受けて接ぎ木・養成するため、引き渡しは1年後になります。

苗の植えつけ時期は秋植え（11月）または春植え（3～4月）が適期ですので、苗木の注文は9月から10月頃におこなうのがよいでしょう。

苗木はタグなどを確認して購入

苗木を購入するときの注意点

ポット苗（赤嶺）

苗木業者や園芸店で実際に見て苗木を購入する場合、いくつかの注意点があります。

まず、地上部では節間が詰まっていて、あまり太くはない枝で、根の量が多く、細かい根がたくさんあるものを選びます。

枝や根にコブやあばたのような痕跡がある苗は避けたほうがよいでしょう。ウイルス病や細菌病にかかっている苗は外観からでは判断できません。苗木のタグ（証紙）に品種名とともにウイルスフリー（ＶＦ）と記してある苗であれば安心です。

なお、巻末に紹介した苗木業者などではウイルスフリー苗が主流となっています。これらの業者にカタログを請求すればすぐに送ってくれます。品種も豊富にそろっていますので、じっくりカタログを見て品種を検討し、注文するのもよいでしょう。

植えつけ場所と植えつけ方

植えつけ時期と仮伏せ

植えつけ時期は秋植えと春植えがあります。一般に、秋植えは根が早く土壌になじむため初期生育が良好になります。しかし、冬の寒さが厳しい地域では凍乾害の危険がありますので、春植えのほうが安全です。春植えは３～４月が適期です。苗木業者から秋に苗が届いてしまった場合には、春まで仮伏せ（仮植え）をしておきます。

仮伏せの前には苗木の根を12時間ほど水に漬けておきます。仮植えの場所は建物北側の陰など凍結するような場所は避け、排水がよくて乾燥しすぎない日当たりのよい場所を選びます。

仮伏せは深さ30㎝程度の長めの穴を掘り、苗木を斜め横に寝かせて、その上に土をかけておきます。

穴を掘り、苗木を横に寝かせる

土をかけ、仮伏せをする

苗木が束で届いた場合、苗木を束のまま仮伏せすると、束の中まで土が入らず根が乾燥する場合がありますので、束は必ずばらして苗木は一本ずつ斜めに並べるようにします。寒さが厳しい地域ではさらにワラやコモをかけて寒さと乾燥から守るようにします。

植えつけ場所

庭植えの場合

ブドウはつる性で枝が自由に配置できるので、植えつけ場所は比較的自由に決められます。とはいっても、日陰や水はけの悪い場所に植えつけると、根腐れで枯れてしまったり、生育した場合も、品質のよい果実は生産できません。日当たりがよく、水はけがよい場所に植えるようにしましょう。

また、地上部と同じように根域も拡大しますので、ある程度のスペースが必要です。建物の基礎際や壁際に植えるのは避けたほうがよいでしょう。

ブドウ園に植える場合

園への植えつけの場合は、樹冠の広がりや作業動線を考慮して決定します。できれば棚の平面図を用意して、成園時の主枝の配置を書き入れたうえで植えつけ場所を決定するようにします。なお、平行整枝短梢剪定の仕立てでは主枝は基本的に南北方向になるように植えつけます。

植えつけ本数は、品種や台木、仕立て方、地力により樹冠の広がりは異なります。これらの条件を考慮しながら植えつけ本数を決定します。初期の収量確保を目的に計画密植をおこなった場合は縮伐、間伐は早めにおこないタイミングを逃さないように注意してください。10a当たりの植えつけ本数を**表3・2**、**表3・3**に示します。

植えつけ方

植えつけ場所が決まったら、直径1m、深さ30cm程度の穴を掘ります。このとき、穴の中央を盛り上げます。

これは、接ぎ木部位より上部に土がかからないようにするためです。接ぎ木部が土の中に埋まると、自根が発生し、台木のメリットが生かせなくなります。盛り上げた山の頂上に苗木を置き、根の先をハサミで切り詰め、長さをそろえ、放射状に並べます。

掘り上げた土に堆肥と顆粒状の苦土石灰を混ぜて植えつけます。土に混ぜる堆肥と苦土石灰の割合は、堆肥1：土3：苦土石灰ひとつかみ程度が目安です。植えつけ直後には水をたっぷりと与えます。水を与えると土が沈みますので、沈んだところにはふたたび残りの土を入れます（**図3・1**）。

表3－2　植えつけ本数と栽植距離の目安

主な品種	10a当たり植えつけ本数（成園、単位　本）		
	土層が浅い、または砂土の乾燥地	肥沃の中庸地	土層の深い肥沃地
デラウェア	7～8	6～7	5～6
巨峰・ピオーネ	6～7	5～6	4～3
甲斐路	5～6	4～5	3～4
甲州	6～7	5～6	4～3
ロザリオビアンコ	7～8	6～7	5～6

10a当たり本数	1本当たり面積	おおよその植栽距離
10	100.0	10.0×10.0
9	111.1	10.5×10.5
8	125.0	11.0×11.0
7	142.8	12.0×12.0
6	166.6	13.0×13.0
5	200.0	14.0×14.0
4	250.0	16.0×16.0

注：①面積の単位は㎡、栽植距離の単位はm
②土壌によって植えつけ本数を調整する
③植えつけ本数はX字型整枝での目安、長梢で一文字仕立ての場合は、表の数字の2倍の本数が必要

図３－１　苗木の植えつけ

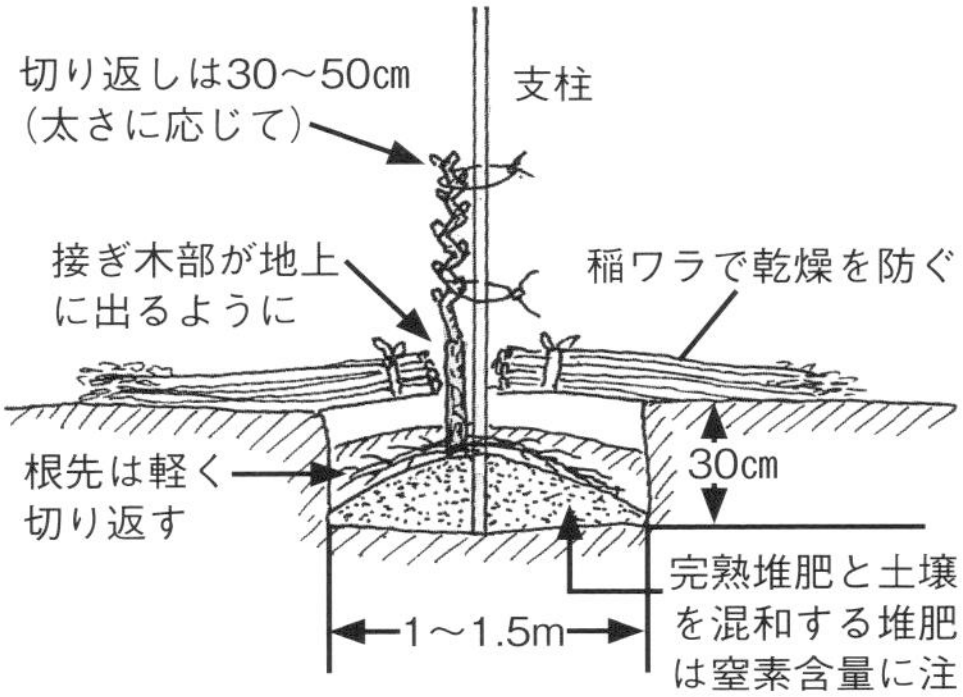

表３－３　整枝法別植えつけ間隔および本数の目安

整枝法	植えつけ間隔	植えつけ本数
一文字型	16m（主枝長 8m）×2.2m（1間）	28
H型	14～16m（主枝長 7～8m）×4.4m（2間）	14～16
WH型	12～14m（主枝長 6～7m）×8.8m（4間）	8～9

注：植えつけ本数は10a当たり

植えつけ後の管理

苗木の地上部30～50㎝付近の充実した大きい芽の上で切り詰め、支柱を添えます。乾燥防止のためにワラなどを敷き、乾燥が続く場合には定期的に灌水（水やり）をおこない乾かさないようにします。発芽期までには休眠期防除をおこないます。

若木のときに旺盛に伸びすぎると、枝の充実が悪くなり、将来、いい樹は育ちません。徒長を防ぐために植えつけ1～3年は肥料を施す必要がありません。ただ、新梢の伸びが悪く葉色が薄いような状態が観察された場合は、尿素など窒素系の肥料を施します。

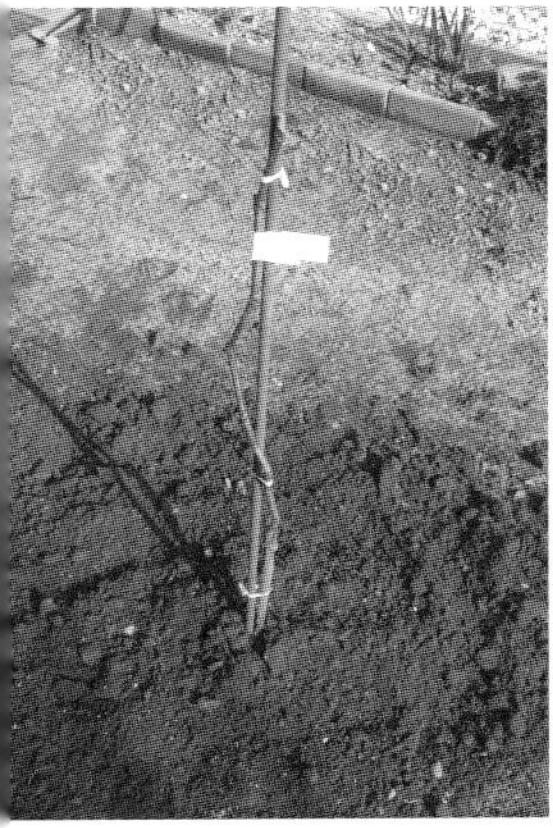
苗木を植えつける

鉢植えの場合

鉢の大きさは10～11号が適当です。プランターやコンテナなどは深めのものが適しています。用土は赤玉土と市販の草花用培養土、川砂、苦土石灰を混ぜたものを準備します。

混合割合は体積比で赤玉土5、培養土3、川砂2、苦土石灰10とします。鉢の底に水はけをよくするようにゴロ石を敷き詰め、用土を鉢の半分程度入れ、庭植えと同様に中央を盛り上げます。

苗木は根の先を10㎝程度まで切り詰め、放射状に並べ上から用土をかけます。たっぷりと灌水し、庭植えと同様、苗木の地上部30～50㎝付近の充実した大きい芽の上で切り詰め、支柱を添えます。肥料は緩効性の被覆尿素肥料（LP70）を10g程度ふりかけておきます。

仕立て方の種類と特徴

ブドウは世界じゅうで栽培されており、その土地の気候や果実の利用目的などによって仕立て方はいろいろです。わが国の経済栽培園で現在取り入れられている主な仕立て方は、棚仕立て、垣根仕立ての二つに大別されます（図３‐２）。

生食用ブドウではほとんどが棚仕立てで栽培されており、垣根仕立ては醸造用ブドウで採用されています。

枝の配置や結果母枝の剪定方法によって、棚仕立てでは、自然形長梢剪定仕立てと平行整枝短梢剪定仕立てに分けられます。垣根仕立てでも剪定方法によって、ギヨ（長梢）またはコルドン（短梢）に分けられます。

棚仕立て

棚仕立ては、イタリアや中国などでもおこなわれていますが、日本のように棚で土地全面を覆う方法は少ないようです。日本の棚仕立ては、明治初期、欧米からブドウが導入された当時に、温暖で多湿な日本に適する仕立て方として先人たちが苦心して開発したものです。

現在でも、収量や果実の品質、樹勢コントロールのしやすさなどの面から見て棚仕立てが最も適していると考えられており、多くのブドウ栽培者が取り入れています。

棚仕立てでは結果母枝の切り方によって以下の二つに大別されます。

自然形長梢剪定仕立て

山梨県や長野県などの東日本の産地で取り入れられている仕立て方法です。樹勢に応じて剪定量が加減できるので樹勢調節が容易です。また、樹冠の拡大が速やかで早く結果期に達し、棚面全体を均一に利用できます。枝の配置も自由に決められるので、棚面全体を均一に利用できます。

ただし、剪定技術の理解や習得がむずかしく、上手にできるようになるにはある程度の経験・試行錯誤が必要になります。

平行整枝短梢剪定仕立て

短梢剪定は、岡山県を中心とする西日本で広く採用されている剪定方法です。主枝を平行に配置し、一律に1～2芽残して切り落とします。長梢剪定に比べると作業が単純でわかりやすいため、省力化の観点から近年、東日本でも採用する農家が増えています。樹勢を強めに導きやすいため、種なし栽培に適した剪定方法です。

主枝の本数は品種や地力によって調整しますが、片側2本主枝のH型整枝

図3−2　棚仕立てと垣根仕立て（家庭栽培向けの仕立て例）

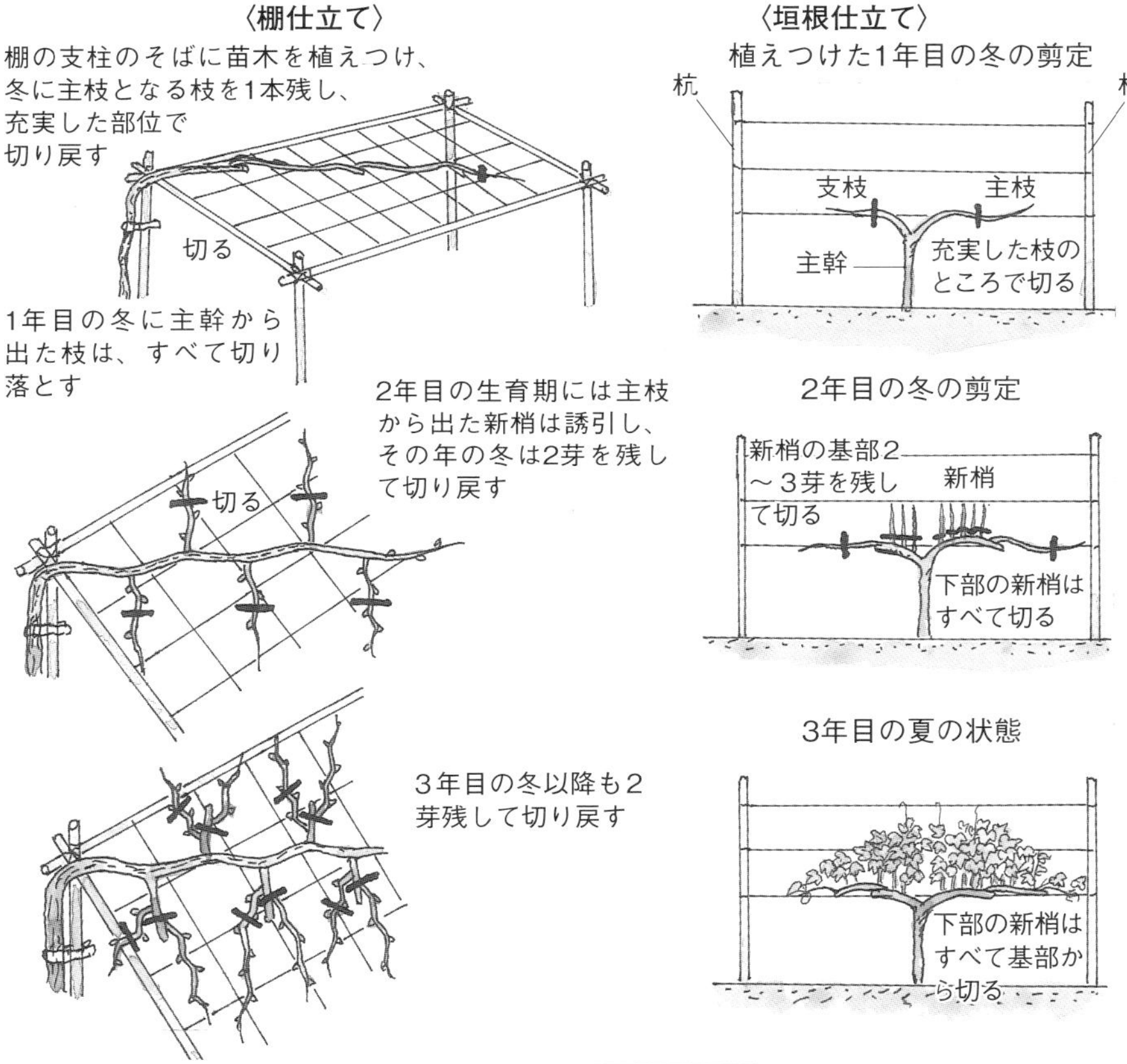
〈棚仕立て〉
棚の支柱のそばに苗木を植えつけ、冬に主枝となる枝を1本残し、充実した部位で切り戻す
切る
1年目の冬に主幹から出た枝は、すべて切り落とす
2年目の生育期には主枝から出た新梢は誘引し、その年の冬は2芽を残して切り戻す
切る
3年目の冬以降も2芽残して切り戻す
〈垣根仕立て〉
植えつけた1年目の冬の剪定
杭
杭
支枝
主枝
主幹
充実した枝のところで切る
2年目の冬の剪定
新梢の基部2〜3芽を残して切る
新梢
下部の新梢はすべて切る
3年目の夏の状態
下部の新梢はすべて基部から切る

◆棚仕立て・二つのタイプ

省力化しやすい平行整枝短梢剪定仕立て

樹勢調節できる自然形長梢剪定仕立て

が多くの品種に適応できます。なお、本書で紹介している品種はすべて短梢剪定が可能ですが、結果母枝を短く切った場合に果房がつかない品種もあります。品種を導入するさいには、花穂着生の確認が必要となります。

垣根仕立ての樹園

垣根仕立て

垣根仕立ては、園の両端に杭を立て2～4本の針金を張り、これに新梢を誘引する方法です。フランスやイタリア、アメリカなど世界的なワイン産地では普通におこなわれている仕立て方です。

これらの地域では、生育期の降水量が日本に比べはるかに少なく、土壌中の養分も少ないため、樹冠を広げなくても枝が徒長せずに糖度の高いブドウが生産されています。

垣根仕立ても結果母枝の切り方によって以下の二つに分けられます。

ギヨ（長梢剪定）

醸造ブドウの栽培に多く採用されています。苗木は1～1・5m間隔で植えつけます。垣根の一番下の張り線の高さ（おおむね地上60㎝）で二つに枝を分け、張り線に誘引します。結果母枝の切り詰めの長さは50～70㎝とします。発芽した新梢は上方向に向かって誘引します。

落葉後は基部から発生した結果母枝を残し、その先からは切り落とします。樹液流動が始まって枝が柔軟になった時期に、残した結果母枝を張り線に誘引します。翌年以降も、基部から発生した結果母枝を1本残して、張り線に誘引します。以降はこれの繰り返しです。

コルドン（短梢剪定）

この仕立て方も醸造用ブドウで多く採用されています。1年目はギヨと同様に一番下の張り線で二つに枝を分けて、張り線に誘引します。発芽した新梢は同様に上方向に誘引します。落葉後、発生した新梢をすべて1～2芽残して短梢剪定し、翌年以降も繰り返します。

日本独自の棚仕立ての長所

垣根仕立ては、フランスやイタリア、アメリカなど世界的なワイン産地では普通におこなわれている仕立て方です。これらの地域では、降水量は年間500㎜程度と日本に比べはるかに少なく、土壌中の養分も少ないため、樹冠を広げなくても枝が徒長せずに糖度の高いブドウが生産されています。

一方、生食用ブドウの栽培が多い日本では、棚仕立てが主流となっています。江戸時代、甲斐の国の医師、永田徳本が「ブドウ棚かけ法」を考案したという記録が残っていますが、現在のような園全面を利用した本格的な針金の棚は明治に入ってから考案されました。欧米からブドウが導入された当時に、温暖で多湿な日本に適する仕立て方として先人たちが苦心して開発したものです。

多湿な風土で良果多収

世界的な主要産地と比較して土壌が肥沃で梅雨や秋雨など生育期に降水量が多い日本では、樹は強勢になりやすく、樹冠を拡大して樹勢を落ち着かせないと花穂着生や結実確保が困難になります。

また、台風による強風などに遭遇する機会が多いため、垣根仕立てでは倒伏や傷果の発生も心配されます。

棚仕立てでは10a当たりの収量が1・5～2t程度は見込まれ、垣根仕立てに比べ収量が多く、着生する花穂も大きく高品質な果房を得ることができます。

以上のように、収量や果実の品質、樹勢コントロールのしやすさなどの面から見て棚仕立てが最も適していると考えられており、多くのブドウ栽培者が取り入れています。

日本の風土に適した棚仕立て

生食用としての棚仕立て

ブドウの代表的な仕立て方は前述のとおり垣根仕立て、棚仕立ての二つに分けられます。

棚の形態とつくり方

棚の形態と資材

生食用ブドウのほとんどが、土地のすべてを無駄なく利用する甲州式平棚で栽培されています。

棚や支柱の資材は時代とともに変遷し、当初は栗の太い木材、昭和10年代からはコンクリート製の支柱が、現在では軽くて丈夫な亜鉛メッキの鋼管が使われています。棚の鉄線も当初は亜鉛引きの半鋼線が使われていましたが、現在では取り扱いと耐久性に優れたステンレス線が使われています。

甲州式平棚

四角柱（コンクリート製）

円柱（コンクリート製）

架設については、甲州式平棚は写真のようにアンカー（固定させるもの）を地面に打ち込み四隅に太い柱を設置した丈夫な棚になりますが、ブドウ農家でも、このブドウ棚を自力でつくることができる人は少なく、ほとんどは専門職人に任せています。

亜鉛メッキの鋼管

比較的狭い庭先の栽培においては、むずかしいアンカー棚よりも簡易につくることができるブドウ棚が現実的かと思いますので、一例を以下に紹介します。

棚づくりの一例

綱管などによるパイプ棚

図3−3　パイプ棚の組み立て例

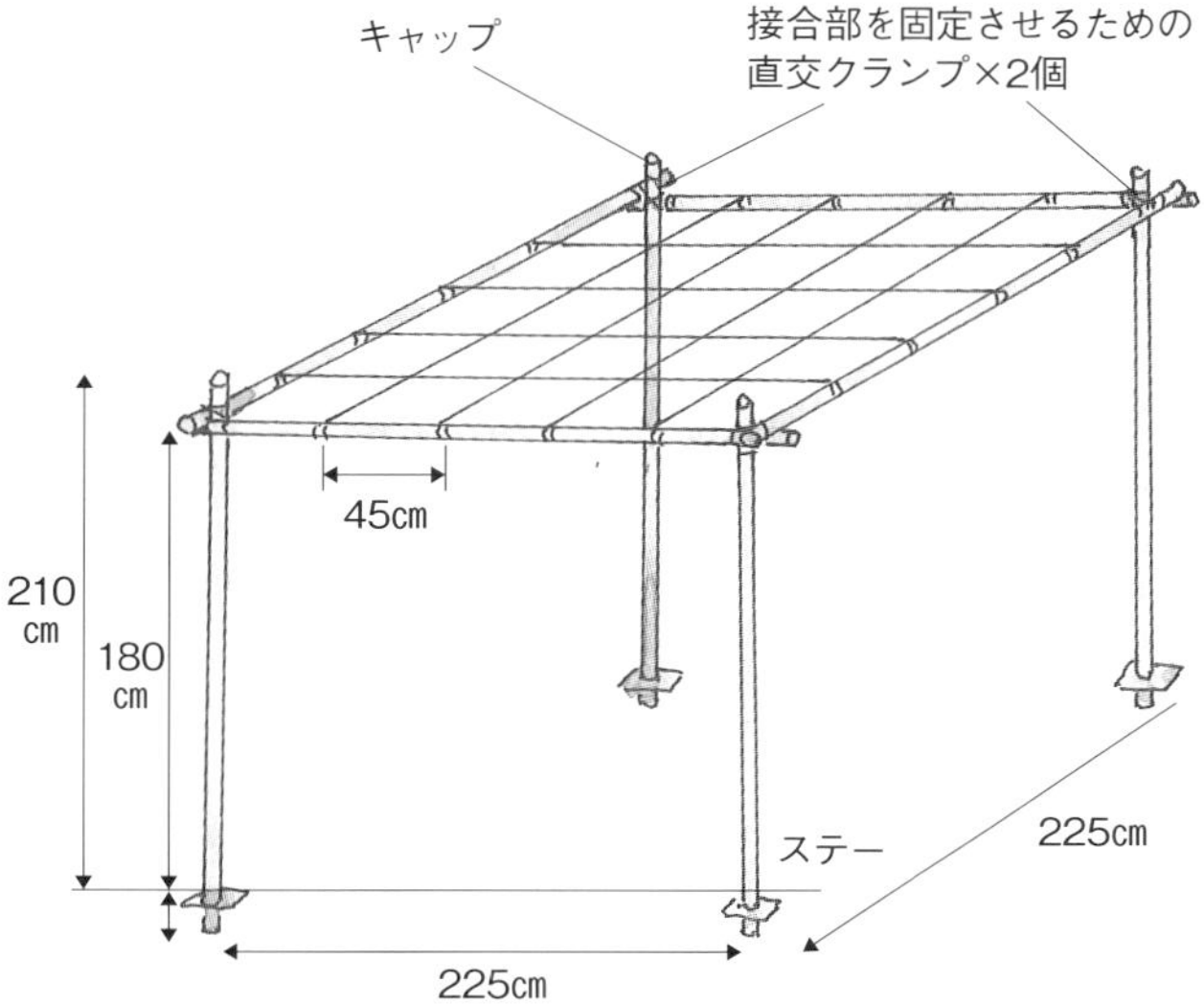

注：①棚の面積は5㎡。45㎝間隔で小張り線を張り、固定する
②柱を埋め込まずにコンクリートの土台に設置する方法もある

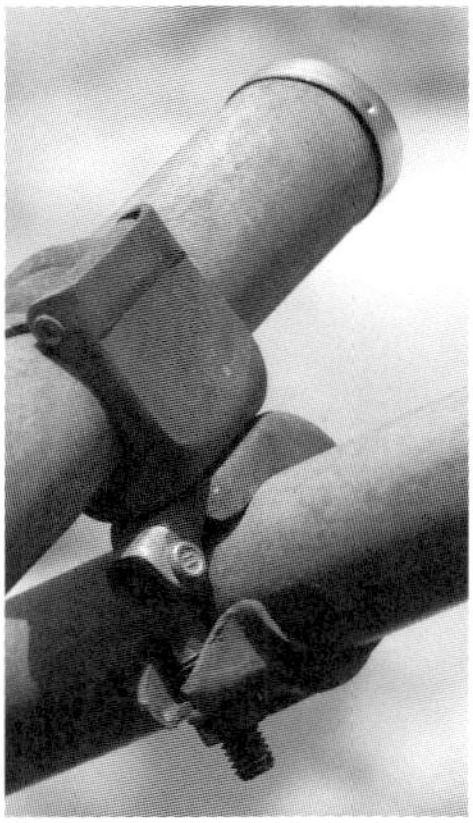

単管を組む

外枠

建設現場の足場などで使用されている直径48㎜の鋼管と直交クランプや使ってつくります（**図3・3**）。

ここでは扱いやすさを考え、48㎜鋼管の長さは2・5mとします。この2・5mの鋼管で4隅の柱や棚の外回りをつくります。

柱は40〜50㎝程度を地面に埋めますが、柱が沈下しないように先端部にはステーを取りつけて埋めます。また、地面に埋まる部分には、防サビ塗料を塗っておくとよいでしょう。

水平器で確認しながら地面と垂直に立てます。柱の上端切り口には専用キャップをかぶせて雨水の侵入を防ぎます。なお、埋め込まずにコンクリートの土台に設置する方法もあります。この場合、鋼管の長さは2m程度で十分です。

間口（柱の中心と柱の中心の間隔）は、2・25mとします。なお、2・25m四方にすると棚の面積は約5㎡になります。一つのグリッド、つまり棚面の面積を5㎡に決めておくと、小張り線も等間隔で張りやすく、また、着果量や枝数の目安がたてやすくなり便利です。

棚面の高さは、地面から1・8mが標準的な高さです。自作棚の場合、作業する人の身長に合わせて、高さが自由に変えられますので、管理作業がしやすい高さにします。顔の前にブドウの房があると摘粒やカサかけ・袋かけなどの作業が効率的にできますので、身長＋10㎝の高さにするとよいでしょう。

高さが決まったら、48㎜鋼管の中心が棚の高さになるように直交クランプで取りつけます。直交クランプの取りつけにはラチェットレンチを使うと便利です。長さ2・5ｍの鋼管を四方に設置したら外枠の完成です。

ここでは、間口を2・25ｍ四方にした一つのグリッドをつくりましたが、鋼管をつなぐジョイントを使って連結することもできます。

パイプ棚の完成

棚上部にかまぼこ型の屋根を取りつけることもできる

小張り線

外枠が完成したら、棚に小張り線を張ります。軟鉄線はすぐに錆びてしまうので、亜鉛メッキかステンレス、被覆線などを使うとよいでしょう。太いほうが耐久性がありますが、取り扱いにくくなりますので、10番（直径3・2㎜）くらいが適当でしょう。

線と線の間隔は45㎝とします。鋼管に巻きつけるか電気ドリルで穴を空けるかして線を固定し、緩まないようにしっかりと張ります。小さなターンパックルがあると、緩まずに張ることができます。

このほかにも、組み立てやすい便利な被覆パイプなども市販されています。また、竹や木材を使った棚も自然な風合いで素敵です。棚上部にはかまぼこ型の屋根を取りつけ、簡易雨よけとしてもよいでしょう。

棚づくりに決まりはありませんので、自由な発想でチャレンジしてみてください。

第４章

ブドウの生育と栽培管理

収穫期の棚（甲州）

1年間の生育サイクルと作業暦

ブドウの1年間の生育サイクルと主な栽培管理を58、59頁の**図4-1**に示しました。

発芽・展葉期

春先、ブドウは枝の切り口から樹液がぽたぽたと浸み出てきます。これは、「ブリーディング」といって、地温の上昇により根が水分を吸収し幹や枝に送られるために起こります。その後、芽が膨らみ、気温が上がってくると発芽してきます。ブドウの芽は葉と花穂を一緒に含む混合芽です。発芽後、新梢が伸び、それに伴って葉が次々と展開してきます。葉が3～4枚展開すると花穂が現れてきます。

なお、発芽から展葉7枚目頃までは、前年に枝や幹、根に蓄えられた貯蔵養分によって生育しています。貯蔵養分が多い健全な樹では発芽のそろいもよく、生育も良好になります。

切り口から樹液が出るブリーディング

真珠玉は球状の分泌液

新梢伸長期

発芽後は新梢が伸び続けます。樹の栄養状態や前年の剪定の良し悪しが、枝の伸び具合に反映しますので、この時期の新梢を観察することで、好適な樹相かどうかが診断できます。細くて短い新梢や逆に強勢な新梢は、結実が不安定で果実品質もよくありません。

旺盛な新梢には、分泌液が球状に固まった真珠玉が見られます。初めて見た人は、昆虫の卵とまちがえてしまうようです。

開花・結実期

葉が12～13枚に展葉する頃に、開花

が始まります。樹の栄養状態がよく、勢力が適度な新梢には花穂は二つ以上着生し、花数も多く、花穂全体が大きくなります。

花冠（キャップ）がとれて、開花となり、この時期に自身の花粉で受精し結実します。

この開花期前後の時期は房づくりやジベレリン処理、摘粒といった果房管理作業を限られた期間におこなわなければならず、ブドウ農家では1年で最も忙しい時期になります。

開花期（シャインマスカット）

果粒肥大期

開花期以降、ブドウの果粒の発育は二重S字曲線を示し、以下の3段階に分けられます。

開花期以降の30～40日の急激に肥大する時期を果粒肥大第Ⅰ期、第Ⅱ期の後の2週間程度、果粒の肥大が一時停滞する時期を果粒肥大第Ⅱ期、その後、果粒が軟化し果粒の成熟期となる果粒肥大第Ⅲ期。後ほどそれぞれの項目（87頁の「果粒の生長曲線」）で詳述します。

果粒肥大第Ⅰ期の状態

成熟期（藤稔）

果実成熟期

ベレーゾン以降、糖の蓄積が進み、有機酸は減少し、成熟期になると品種特有の香りを呈してきます。

収穫期の目安は、試験場などの専門機関では甘味比（巨峰群品種では糖度／酸含量の値が25を超えた時期が収穫適期）で判断していますが、一般的には糖度と着色程度で決めています。

成熟期の低日照や着果過多、新梢の徒長などは、果実への養分転流を少なくし品質を低下させてしまいますの

主な栽培管理

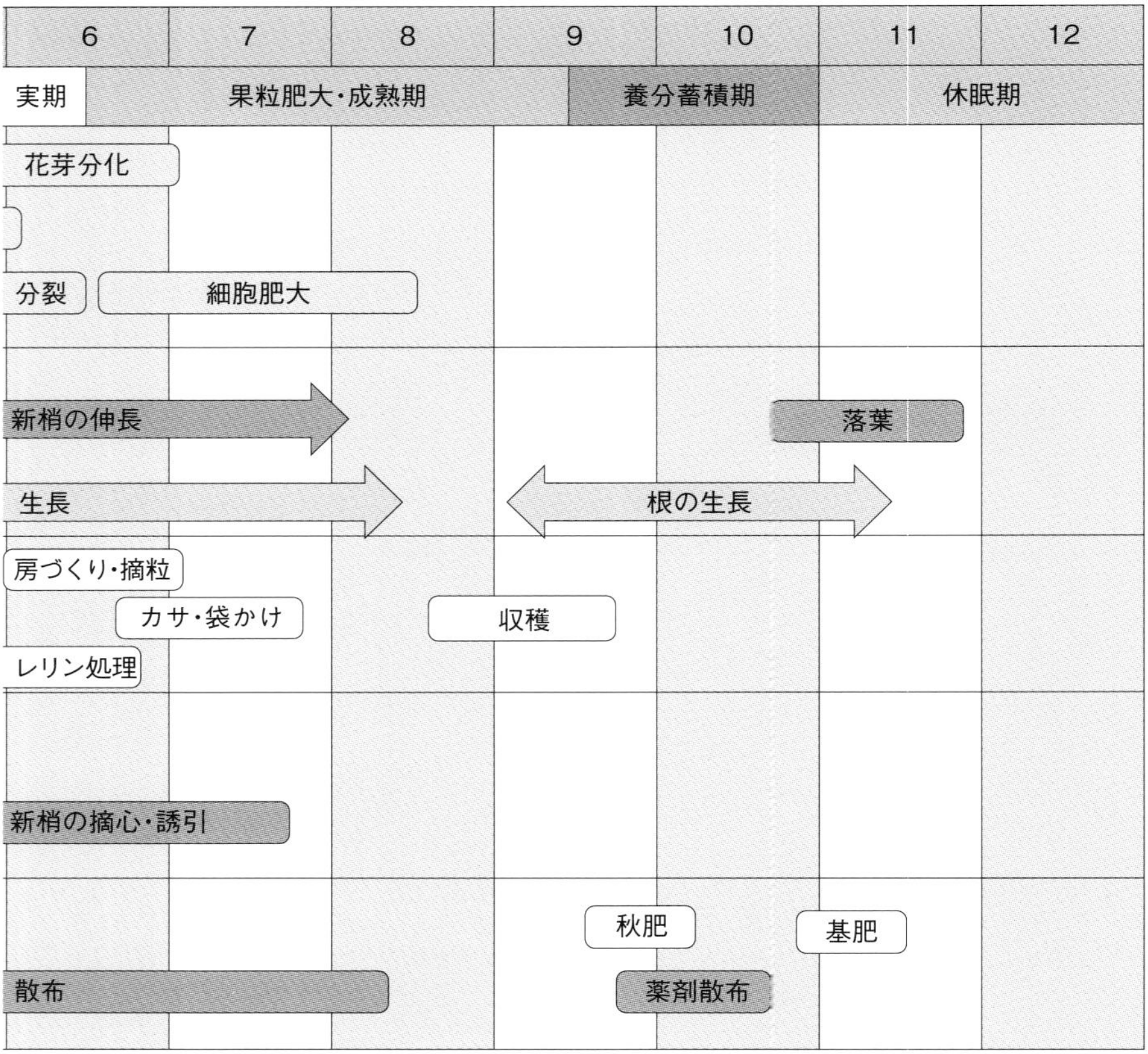

で、着果管理や新梢管理は重要となります。

なお、この時期には、新梢の伸びが止まっている状態が理想です。もしも新梢が伸び続けているような樹相でしたら、来年に向けて施肥量や剪定量などを見直す必要があります。

養分蓄積・休眠期

収穫後も葉は光合成をおこなっており、枝や幹、根に養分を蓄えています。この貯蔵養分が多く蓄えられた樹は耐寒性が強くなり、来年の初期生育も良好になります。このため、収穫後も、早期落葉させず健全な葉を保つような管理が重要となります。健全な樹では気温の低下とともに葉は黄変し、いっせいに落葉します。

気温低下とともに樹は休眠期に入りますが、この時期は自発休眠という状態になり、低温に一定時間遭遇しない

図４－１　ブドウの生育と

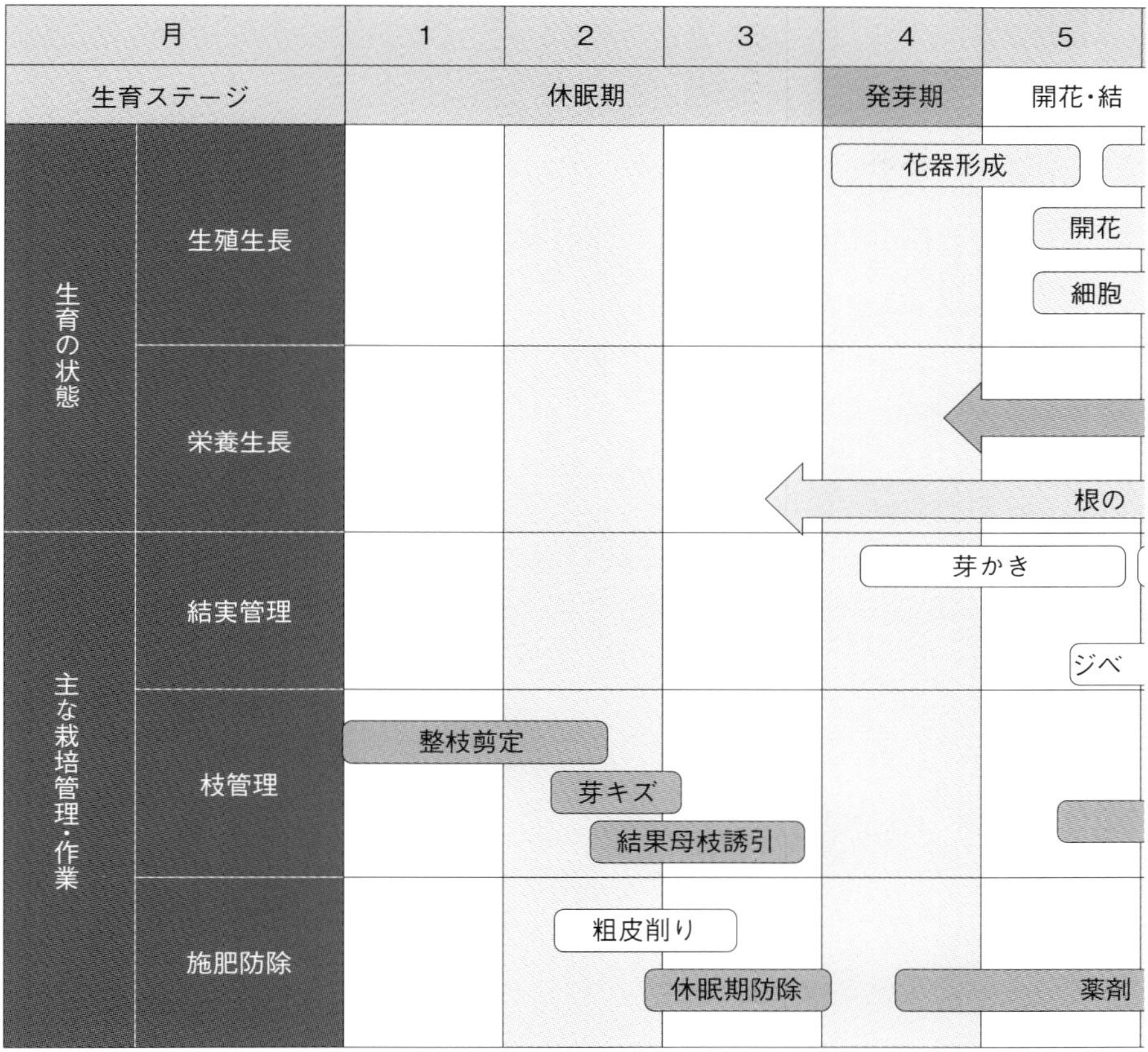

と暖かくなっても発芽しません。日本国内では低温遭遇時間は十分にとれるのですが、暖かい地域や加温ハウス栽培では、この低温遭遇時間が重要となります。

休眠期には元肥の施用や土壌改良、来年に向けての整枝剪定をおこないます。この時期は時間に比較的余裕がありますので、剪定などはじっくりと考えながらおこなうことができます。

また、越冬病害虫の防除のため、棚についた巻きひげの除去や粗皮削りなどもおこないましょう。なお、寒い地域では、凍寒害防止のため樹幹へのワラ巻きなどの防寒対策もおこなっておきましょう。

ワラを巻き、防寒

発芽・展葉期の生育

　春先、3月下旬頃に枝の切り口から樹液がぽたぽたと浸み出る「ブリーディング（溢泌《いっぴつ》）」現象が観察できます。その後、芽が膨らみ、気温が上がってくると発芽してきます。

　発芽は「脱苞」、「催芽」、「萌芽」、「展葉」の過程で進行します（**図4・2**）。試験場などでは毎年、これら各ステージを観察していますが、デラウェアのジベレリン処理時期を決めるさいの参考となるなど栽培管理上重要な目安となります。

発芽期と展葉期

　試験場などで発芽期を調査する場合、萌芽した状態になった芽が、長梢剪定樹では「結果母枝の第2芽が全体の50％萌芽した時期」、短梢剪定樹では「全芽座《ぜんめざ》の50％が萌芽した時期」を発芽期として決定しています。

　標準的な新梢の生長は2～3日に1枚の割合で展葉し、節間も急激に伸びてきます。

　この時期の管理には、初めに芽かきがあります。芽かきは、新梢の勢力をそろえるために、副芽や極端に強い新

図4－2　芽の生育過程

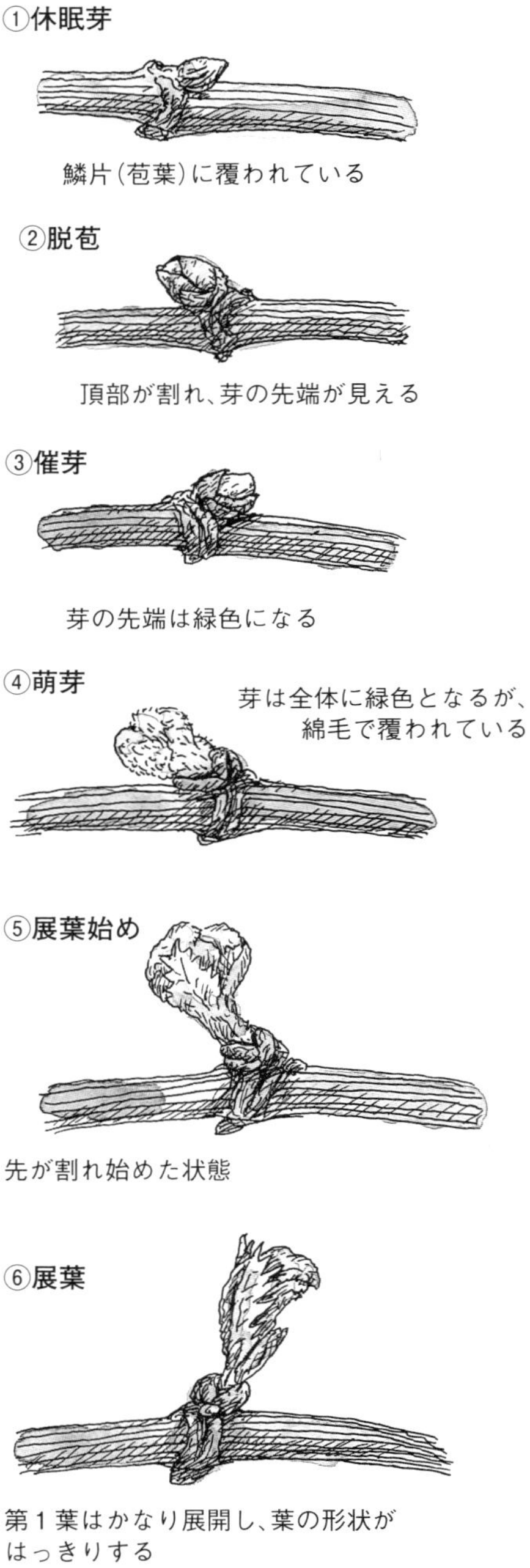
①休眠芽
鱗片（苞葉）に覆われている
②脱苞
頂部が割れ、芽の先端が見える
③催芽
芽の先端は緑色になる
④萌芽
芽は全体に緑色となるが、綿毛で覆われている
⑤展葉始め
先が割れ始めた状態
⑥展葉
第１葉はかなり展開し、葉の形状がはっきりする

梢や弱い新梢を取り除きます。

芽かきの時期と方法

春になり気温の上昇とともに、ブドウは芽が膨らみ葉が展開してきます。花穂も現れて新梢はどんどん伸びていきます。

このとき、発芽した新梢をすべて残しておくと、新梢が混み合って受光体勢が悪くなったり、栄養が分散してよい果実が得られなくなります。樹勢の調節は冬季の剪定によってなされているはずですが、実際には冬季剪定だけでは適正な樹相に導くことができない場合が多く見られます。

このため、弱い新梢や強すぎる新梢をかき取り、新梢の勢いをそろえる「芽かき」という作業をおこないます。適当な新梢数の目安を**表４・１**に示します。

先述のとおりブドウは展葉7枚前後までは、前年の貯蔵養分で生育していますので、早い時期の芽かきは、養分の浪費を防ぎ生育を促進させる効果があります。ただし、芽かきを一挙におこなうと、残った新梢が徒長し、花ぶ

表４－１　新梢数の目安

品種	１坪（3.3㎡）	7尺5寸の間（約5㎡）
デラウェア	30本	45本
サニールージュ	25～30本	38～45本
巨峰群品種（種なし）	20～25本	30～38本
巨峰群品種（種あり）	25～30本	38～45本
シャインマスカット	18～20本	27～30本
ロザリオビアンコ	20～25本	30～38本
甲斐路	18～20本	27～30本
甲州	25本	38本

◆副芽かき（１回目）

副芽かきの実施前

副芽かき実施後

るいや果実品質低下のおそれがありますので、新梢の勢いを見ながら、2～3回に分けておこないます。

品種や栽培型(種なしか種ありか)、仕立て方法などにより目標とする樹相は異なります。このため、芽かきの方法も異なります。以下に代表的な品種群や栽培型の芽かきのポイントを示します。

種なし栽培(長梢剪定)の芽かき

「デラウェア」や「シャインマスカット」、巨峰群品種などの種なし栽培(長梢剪定)では、種なし化を確実にするためやや強めの樹勢に導きます。また、ジベレリン処理時に生育をそろえることが作業の効率化と高品質化には必要となります。このような点を念頭に芽かき作業をおこないます。

具体的には1回目の芽かきは展葉2～3枚の頃に新梢の初期生育を促すために、不定芽《ふていが》や副芽《ふくが》、基芽《きが》をかきます。不定芽とは、結果母枝の芽以外の部分から発生する芽のことで、枝を間引いた基部や旧年枝の節部から発生します。

不定芽を残しておくと、非常に強く伸び、樹形を乱しますので、早めにかき取るようにします。副芽を残すと主芽の生育を妨げますので、早めにかき取ります。さらに、結果母枝の基部から発生する2～3芽は残しておくと、受光体勢や作業性に影響しますので、早めにかき取るようにします。

2回目は展葉6～8枚の時期に、花穂を持たない新梢や、極端に強い新梢や弱い新梢を中心に整理し、新梢の勢力をそろえるようにします。これ以降は新梢の混み具合を考慮して必要に応じて芽かきをおこないますが、種なし栽培では結実確保の心配も少ないので2回目までに終わらせるようにしましょう。

「デラウェア」や「サニールージュ」のような節間が短い品種では、新梢が混雑しやすいため、**図4‐3**のように先端側の二つの芽を残してつぎを除き、また二つ残してつぎを除く方法でおこないます。

巨峰群品種・種あり栽培の芽かき

巨峰群品種の種あり栽培(長梢剪定)では、樹勢が強めだと花ぶるいが心配されます。このため、樹勢を落ち着かせ結実確保に重点を置いた管理が必要になります。1回目の芽かきは不定芽や強くなりやすい結果母枝基部の2～3芽をかく程度にし、強い芽かきは控えるようにします。樹勢が強い場合には、不定芽をかく程度にして多くの新梢を残し養分の分散をはかります。

2回目は展葉7～8枚時に副芽や極端に強い新梢を整理し、開花始め期の新梢長が50～60㎝になるような樹勢に導きます。

◆基本となる芽かき

芽かき実施前

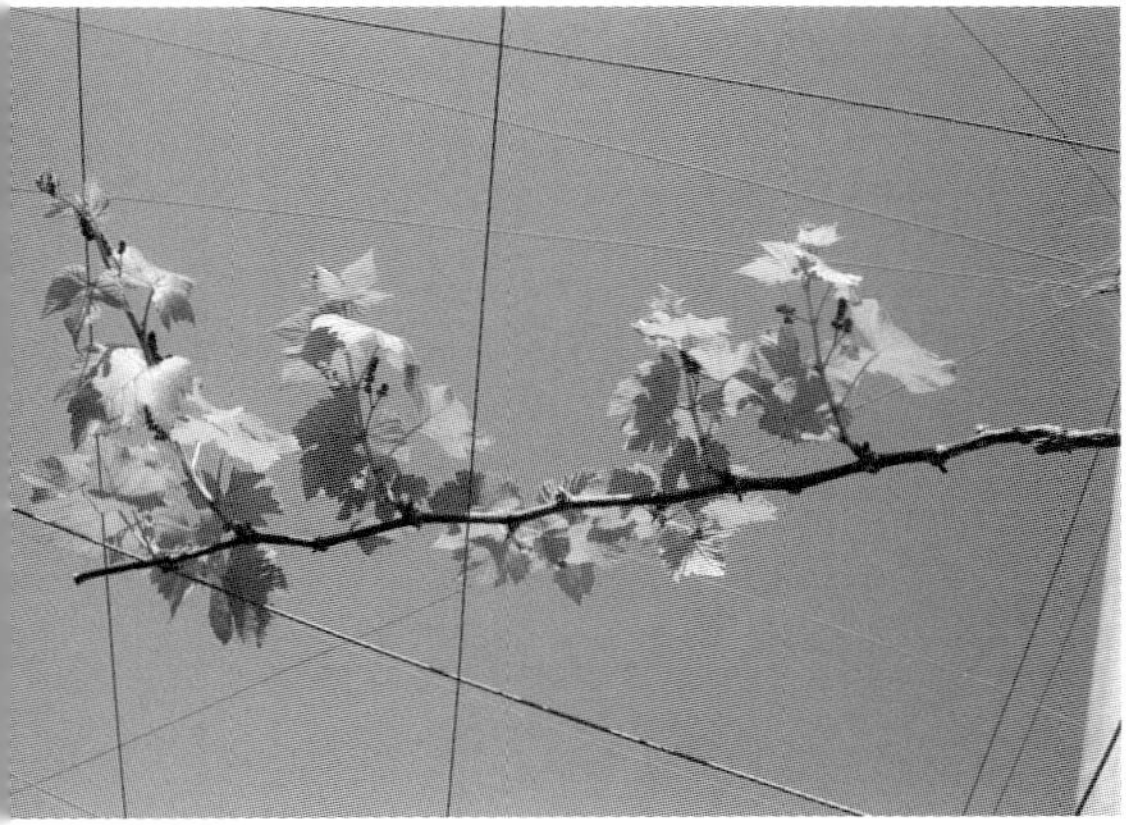

芽かき終了

図4－3　芽かきのポイント

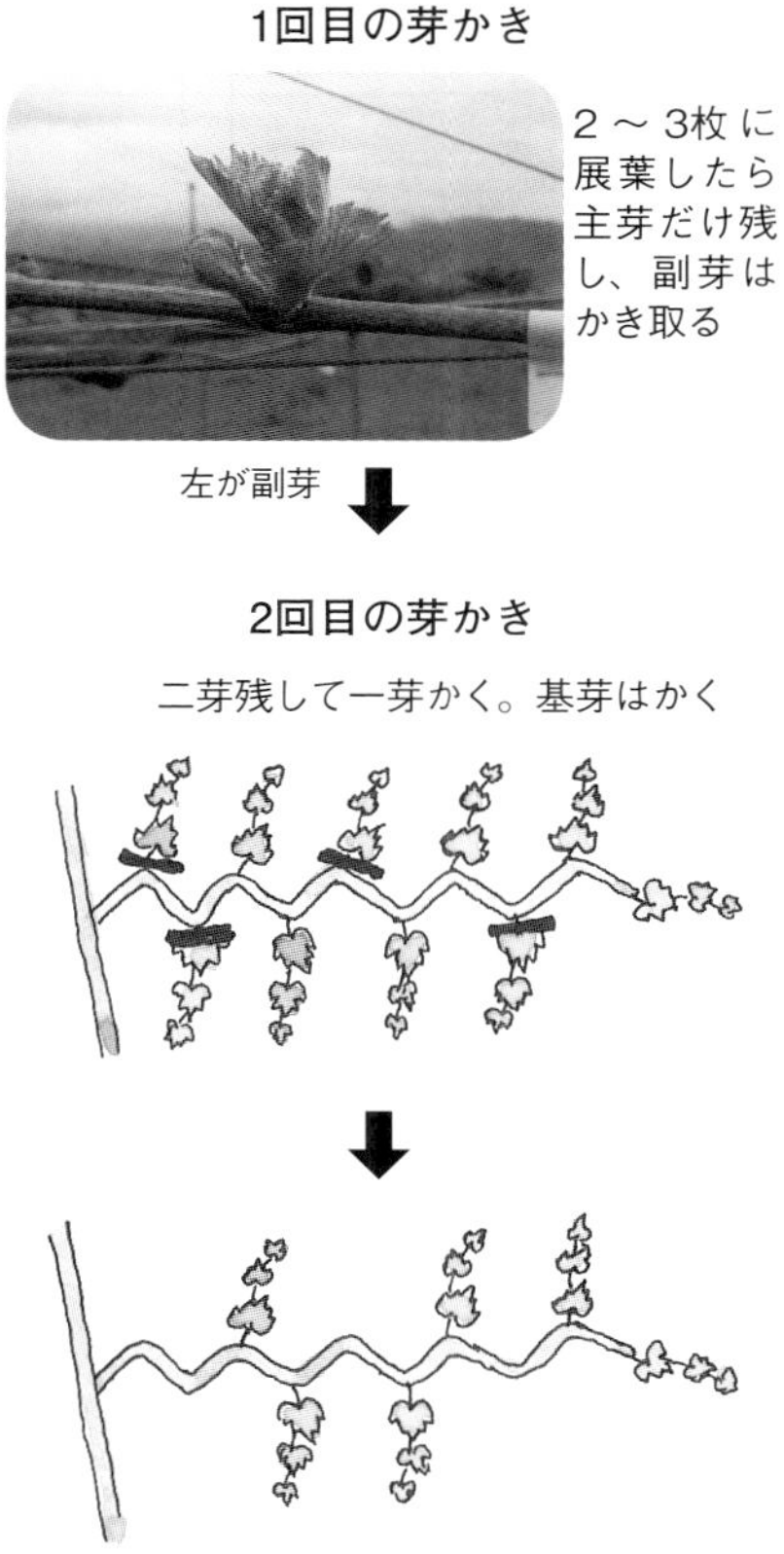
1回目の芽かき
2〜3枚に展葉したら主芽だけ残し、副芽はかき取る
左が副芽
2回目の芽かき
二芽残して一芽かく。基芽はかく

3回目は結実を確認した後に新梢の混み合っている部分や結実が少なく房型が悪い新梢を整理し目標の新梢数にします。

欧州系品種・種あり栽培の芽かき

「ルビー・オクヤマ」や「リザマート」、「ピッテロビアンコ」などの欧州系品種の種あり栽培（長梢剪定）は樹勢が強めで発芽率も高いことから、剪定時の結果母枝の切り詰めは比較的長く、ゆったりとした枝の配置にしてあると思います。

欧州系品種には強風時や誘引作業のさいに新梢が折れやすい品種もあるので、芽かきは遅らせ、不定芽や新梢基部の芽を中心にかく程度にします。

本格的な芽かきは、花穂の有無が確認でき、誘引のさいに折れにくくなる展葉8〜9枚期以降におこなうようにします。なお、極端に樹勢が強い場合は、種なし果が着生しやすくなるので、開花前の芽かきは控え新梢勢力を極力抑えるようにします。

種なし栽培（短梢剪定）の芽かき

種なし栽培（短梢剪定）の展葉5枚時頃には花穂の着生が判断できるので、この時期に、水平に発生している芽を残し下向きや上向きなどの芽はかき取ります。

最終的には1芽座1新梢にしますが、強風や誘引のさいの欠損を考慮して最終新梢数の2割増し程度を残すようにします。新梢が折れにくくなった開花前に誘引をおこないますが、このさいに1芽座1新梢にそろえます。

なお、一つの芽から同じ勢力の2本の新梢が発生している場合は、なるべく早く1本にしますが、このときかき取るよりもハサミで切り取ると残った新梢は折れにくくなります。

新梢伸長期の生育

発芽後は新梢が伸び続けます。樹の栄養状態や前年の剪定の良し悪しが、枝の伸び具合に反映しますので、この時期の新梢を観察することで、好適な樹相かどうかが診断できます。細くて短い新梢や逆に強勢な新梢は、結実が不安定で果実品質もよくありません。

新梢伸長と適正樹相

先項でも述べたように、展葉7枚目頃までは新梢は完全に貯蔵養分に依存しています。展葉10枚頃には貯蔵養分に代わり新しい葉の同化養分を利用して生長が続けられます。

高品質な果実を生産するためには適正な樹勢に導く必要があります。**表4－2**に巨峰群品種（種なし栽培）の適正樹相の目安を示しましたが、冬季剪定や芽かき、新梢誘引などの管理作業により、このような樹相に導くようにします。

近年は種なし栽培が主流になってきましたが、種なし栽培では開花直前の摘心が必須作業なので、新梢の伸び具合を観察する機会は少ないかもしれませんが、適正な樹勢では開花期の直前頃に新梢の生長はやや鈍り、開花から

表4－2　巨峰群品種の適正樹相

生育ステージ	適正値の目安
発芽率	80％以上
展葉７～８枚	新梢長50㎝
開花始め	新梢長80 ～ 90㎝
満開期	新梢長100㎝
着色始め	新梢停止率80％
収穫期	新梢停止率100％

1か月後の展葉15～20枚でほとんどの新梢の生長は停止します。

　このような適正な樹勢に導くことにより、果実品質も優れ、管理作業も効率的になるのですが、実際の栽培現場では、開花期になっても生長は衰えずに強い副梢が発生したり、成熟期になっても生長が続くこともしばしば観察されます。

　このような樹相では高品質な果実は望めませんので、剪定や施肥を見直すことはもちろんですが、誘引や摘心作業により新梢や副梢の伸びを止める必要があります。

◆新梢誘引

テープナーで留める

留めたあとの状態

新梢誘引の方法

　発芽した新梢は結果母枝からV字型に上方へ伸びますが、伸びた新梢をそのままにしておくと、風で折れたり棚に巻きついたりしてジャングル状態になってしまいます。そうなる前に棚面へバランスよく新梢を結束する作業を誘引といいます。

　誘引は、新梢を均一に棚面に配置することで、葉の受光体勢を良好にし、品質の高いブドウを生産するための必須作業です。また、新梢勢力の調整や樹形の確立のためにも重要な作業です。

　新梢が50cm程度に伸びた頃から、棚面の張り線に結束します。このとき無理に結びつけると折れてしまうので、誘引が可能な長い新梢から、何回かに分けておこないます。勢力が強く太い新梢や立ち上がった新梢は基部を捻枝すると折れずに誘引できます。また、風の強い地域では、強風による新梢の欠損を防ぐため、誘引は急がず新梢基部が硬くなってからおこなうようにします。

　結びつける部位は、新梢先端の柔ら

かい部分ではなく、ある程度硬くなった部位とし、緩めに結びつけるようにします。一度誘引した新梢も、その後も伸び続けるので、必要に応じてふたたび誘引します。なお、50cm以下で伸びが止まる短い新梢は、無理に誘引せずそのまま立たせておくことで、棚面が暗くならずに光を有効に利用できます。

長梢剪定樹の誘引

誘引の方向は新梢同士が重ならないように、結果母枝先端の伸ばしたい枝はまっすぐに、伸びを抑えたい枝は結果母枝に対して直角方向に誘引します。結果母枝と新梢の誘引角度ですが、狭くなるほど新梢は旺盛に伸びます。

強く伸ばしたい新梢は結果母枝との角度は狭く、逆に伸びを抑えたい場合には結果母枝との角度を大きくとり基部のほうに返すようにして誘引します（**図４-４**）。棚面や地面への透過光を確認しながら、新梢同士がクロスしないようにバランスよく誘引しましょう。

図４－４　長梢剪定樹の誘引

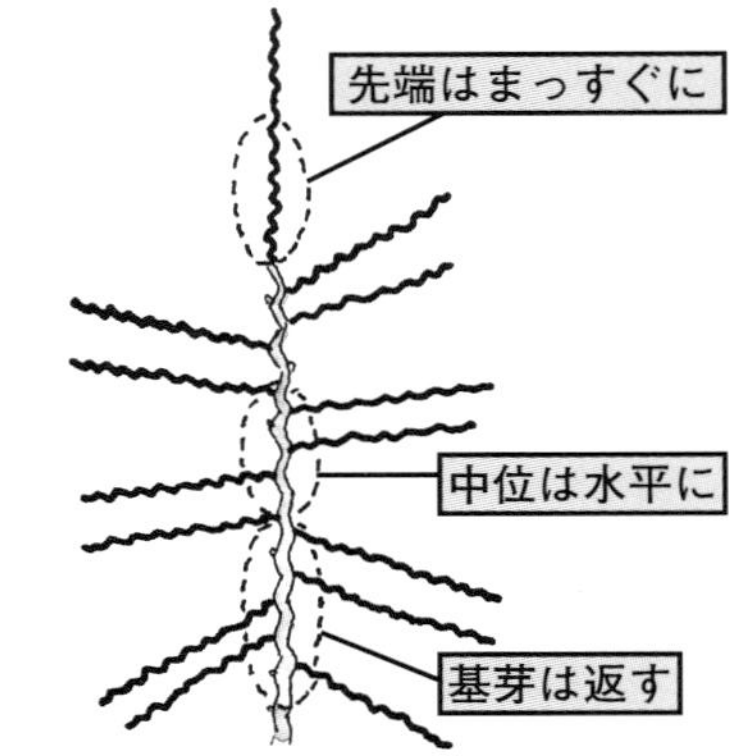
先端はまっすぐに
中位は水平に
基芽は返す

短梢剪定樹の誘引

房づくり作業の前までに芽座から発生した新梢は主枝と直角になるように誘引します。主枝長20cmに1本の新梢を配置するように、最終的な芽かきもかねておこないます。欠損が生じた場合は近くの新梢を緩やかに曲げてスペースを補うようにします（**図４-５**）。長く伸びた新梢から順次誘引し、隣り合う新梢や反対方向から伸びた新梢が交差すると棚面が暗くなるので、交差しないように気をつけます。

誘引の時期が早いと新梢が折れることが多く、一方、作業時期が遅れると、新梢が絡まり作業が非効率になるのでタイミングよくおこなうことが肝要です。

図４－５　短梢剪定樹の誘引

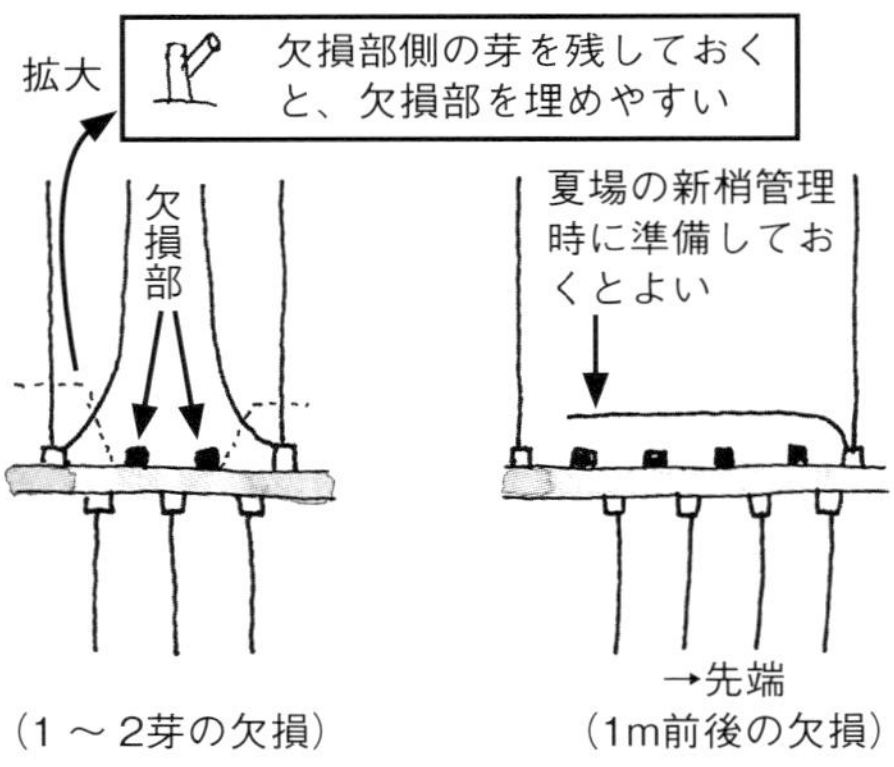
拡大
欠損部側の芽を残しておくと、欠損部を埋めやすい
欠損部
夏場の新梢管理時に準備しておくとよい
→先端
（1～2芽の欠損）
（1m前後の欠損）

西日本の産地では新梢を途中から棚下に下げる方法が採られていますが、山梨県などでは棚下に垂らさずに棚上に誘引する方法が採用されています。どちらの方法も一長一短あると思いますが、栽培規模が大きい産地では、乗用草刈り機やSS（スピードスプレヤー）の運行に妨げにならない「山梨方式」が採用されているようです。

新梢を棚上に誘引

摘心作業のポイント

摘心のねらいと方法

摘心とは、伸びている新梢の先端を切除する作業です。開花直前に摘心をおこなうと、新梢の伸びを抑えて、養分が一時的に花穂に転流するので、結実が良好になり果粒肥大を促します。

また、長く伸びた新梢を止めることで、短い新梢の生長が追いつき生育がそろう効果もあります。生育がそろうと、以降の房づくりやジベレリン処理といった作業が効率的なり、果実品質もそろうようになります。

摘心方法ですが、すべての新梢に対して摘心処理をおこなうのではなく、強く伸びている新梢に対してのみおこないます。具体的には、種なし栽培では、開花の直前に80㎝以上伸びている新梢に対して先端の未展葉部分を切除します。80㎝より短い新梢には摘心する必要はありません。高品質な果実を得るための重要な作業ですので必ずおこなうようにします。

一方、種あり栽培では、開花始め期の新梢長が50〜60㎝になるような樹相が理想です。この樹相に導くように基本的には剪定や施肥で調節します。摘心は開花の1週間くらい前におこないますが、摘心することによりショットベリーの着粒も増加し、摘粒作業に手間がかかることもあります。このため、一律に摘心をおこなうのではなく、長く伸びている新梢のみ先端を軽く摘心します。

シャインマスカットの強い摘心

先に述べたように摘心は種なし栽培では必須作業ですが、「シャインマスカット」においては慣行よりも強く摘心することにより果粒肥大を一層促進させることができます。以下に山梨県

表4－3　摘心部位の違いによる効果（シャインマスカット）

摘心部位	葉数[z] 枚／新梢	果房重 g	着粒数	果粒重 g	糖度 Brix	酸含量 g/100mℓ
未展葉部	12 ～ 13	478	36	13.5b	19.0a	0.38
先端3節	10 ～ 11	466	33	13.9ab	19.0a	0.40
房先3節[y]	7 ～ 8	497	33	15.3a	18.6a	0.38

注：①異符号間に5%水準で有意差あり（Tukey法）
②z：摘心後に残る葉枚数　y：先端6節に相当する

果樹試験場でおこなった試験成果の一部を紹介します。

開花直前の摘心は新梢の先端を軽く摘む「未展葉部の摘心」が基本です。これは、成熟に必要な葉数の確保をすること、副梢の発生を抑えることを考慮しているからです。

一方で、強風や誘引時の折れなどで強く摘心された新梢には、果粒が非常に肥大した房がつく事例もしばしば見られていました。そこで、糖度などの果実品質や樹勢を低下させずに一層の果粒肥大をねらった摘心の方法を検討しました。

開花始め期の摘心で果粒肥大効果

表4・3に開花始め期の摘心処理が果粒肥大に及ぼす影響を示しました。摘心をおこなわなかった区に比べ、「未展葉部」、あるいは「先端3節」を摘心すると果粒肥大が大幅に促進されました。とくに「先端3節」を摘心した区では、より果粒肥大が優れる傾向が見られました。

さらに強い摘心では……

摘心の強度を強めることで、さらなる果粒肥大が期待できると考え、房先の葉を3枚残した「房先3節」摘心をおこなったところ、「先端3節」以上に果粒肥大が促進されました。

この「房先3節」摘心は本梢の葉が7～8枚となることから果実品質への影響も心配されましたが、糖度や酸含量に大きな影響はありませんでした。強い摘心をおこなうと副梢が発生することで葉面積が確保できているものと考えられます。

なお、この「房先3節」摘心は、長梢剪定樹では樹形形成が困難で十分な芽数が確保しにくくなるため、短梢剪定樹のみでの適応となります。

開花始めに摘心できなくても……

作業の集中や遅れから開花始め期に摘心ができなかった場合を想定して、摘心の時期を遅らせて果粒肥大効果を検討したところ、満開期までに房先6枚を残す摘心をおこなうと十分な果粒肥大効果が得られることがわかりました。また、開花始め期から約3週間後の摘粒直後の処理でも一定の効果が得られることも確認できました。

　摘心作業が遅れても、なるべく早い時期に摘心をおこないます。満開期以降の処理では、軽い摘心よりも強めの摘心のほうが効果が高いようです。

◆摘心

摘心前の状態

ハサミで摘心する

摘心後の状態

摘心後の管理は……

強めに摘心をおこなうと副梢が発生してきます。摘心した部位から発生する先端の副梢は、そのままっすぐ誘引します。そのほかの節から発生した副梢で強く伸びる副梢は3枚程度残して摘心します。立ったまま伸びが止まるような副梢は、そのままにしておき葉面積を確保します。

　なお、果粒肥大が促進されることで大房・着果過多傾向になりやすく、糖度の上昇が遅れることが心配されます。房の大きさを見ながら適正な収量を順守してください。

フラスター液剤による摘心の代用

　摘心の目的は一時的に新梢の伸びを止めることにより、養分を花穂に転流させることで着粒安定と果粒肥大をはかることです。しかし、園全体の新梢を一本ずつ摘心することは非常に大変な作業です。

　とくに新梢の先端方向がばらばらな長梢剪定樹では、多大な労力がかかってしまいます。そこで、新梢の伸びを抑えることができるフラスター液剤を使って摘心代用とする技術が広く普及していますので以下に紹介します。

　フラスター液剤は、種あり栽培では着粒増加、種なし栽培では新梢伸長抑制を目的に使用されています。作用機《き》作《さ》（薬剤が生物に効果を及ぼす仕組

表4－4　フラスター液剤のブドウへの適用内容　（2016年4月現在）

主な品種		使用目的	使用時間	希釈倍率（倍）	使用液量（ℓ /10a）	本剤およびメピコートクロリドを含む農薬の総使用回数	使用方法
巨峰系４倍体品種	巨峰、ピオーネ、安芸クイーン、翠峰、サニールージュ、藤稔、ゴルビー、ブラックビート、クイーンニーナ、シナノスマイル、陽峰、紫玉、高妻など	着粒増加新梢伸張抑制	新梢展開葉7～11枚時（開花始期まで）	500～800	100～150	1回	散布
２倍体米国系品種（デラウェアを除く）	マスカット・ベーリーA、アーリースチューベン（バッファロー）、旅路（紅塩谷）など						
３倍体品種	サマーブラック、甲斐美峰、ナガノパープル、キングデラ、ハニーシードレス、BKシードレスなど						
２倍体欧州系品種	瀬戸ジャイアンツ、ルーベルマスカット、シャインマスカット、オリエンタルスター、ジュエルマスカット、サニードルチェなど			1000～2000			
デラウェア		新梢伸長抑制		800～1000			

注：①露地栽培の巨峰およびデラウェアは、スピードスプレーヤーを月いて散布する適用もある
②巨峰（露地栽培）：1000倍液を300ℓ／10a散布
③デラウェア（露地栽培）：1500～2000倍液を200～250ℓ／10a散布

み、メカニズム）は、ジベレリンの生合成阻害による新梢の節間伸長の抑制、内生ジベレリンの濃度低下による有核果粒の増加です（**表4・4**）。

種あり巨峰で着粒増加を目的に使用する場合は、生育良好な第2新梢の展葉枚数が7～8枚時に、動力噴霧器では500倍液を100～150ℓ／10a、スピードスプレーヤーでは1000倍液を300ℓ／10a散布します。

なお、樹勢が弱い場合は、新梢伸長が過度に抑制され葉数不足になるので使用しません。また、生育が不ぞろいで部分的に極端に伸びている新梢がある樹では、旺盛に伸びている新梢を中心に散布するようにします。

種なし栽培では摘心代わりに新梢伸長を抑制する目的で使用しますが、開花前の展葉9～10枚が処理適期です。一時的に新梢伸長を止めることで、花穂への養分転流をはかり、果粒の初期肥大を促進する効果があります。

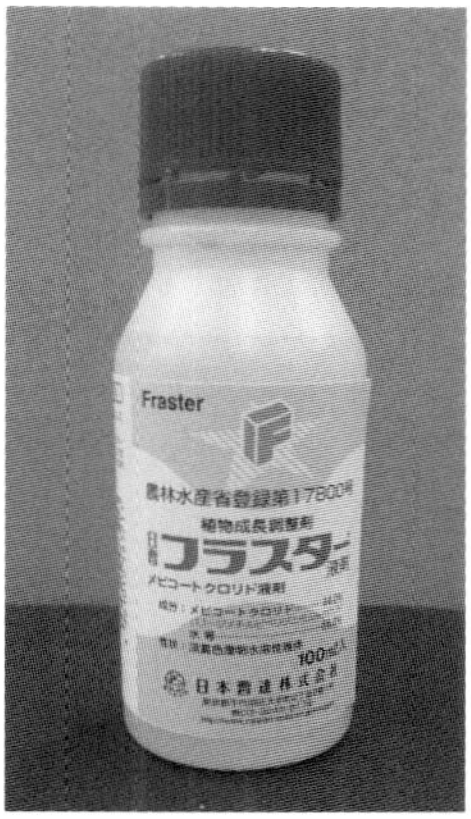

フラスター液剤

また、副次的な効果として、支梗の伸びが抑制されるため、横張りが少なく、まとまった果房に仕上げることができます。希釈倍率はとくに欧州系品種では効き過ぎると、着粒過多などの悪影響があるので注意が必要です。

なお、先述のように、「シャインマスカット」においては、従来の未展葉部位の軽い摘心よりも、強めの摘心をおこなうことで果粒肥大効果が高まります。この場合も、フラスター液剤の散布により、摘心後の強勢な副梢の発生が少なくなり、副梢管理の省力化が期待できます。

具体的な作業体系は、展葉10枚時にフラスター液剤1500倍を100～150ℓ／10a散布→開花直前の摘心→副梢の管理、となります。

副梢の取り扱い

適度な樹勢の新梢からは、副梢が発生してきます。副梢の伸びが弱く数枚展葉したところで伸長を停止するような場合は、そのまま放任しておいて葉面積を稼ぎます。

とくに果実周辺の弱い副梢の葉は、光合成を活発におこなって果実の発育や樹体の養分の蓄えに大いに貢献する有益な葉ですので、むやみに切除しないよう気をつけましょう。

副梢の先を切除する

伸びた副梢の先を切除

一方、副梢が長く伸びて棚面を暗くするような場合は、副梢の葉を2～3枚残してその先を切除します。しばらくしてまた発生してくるようでしたら、ふたたび基部の葉を1枚残して切除します。なお、着色が始まってからも副梢が発生してくるようでしたら、窒素肥料の施しすぎか、冬の剪定の切りすぎですので、秋冬の施肥や剪定作業時に覚えておいて改善するようにしましょう。

副梢の花穂も切除

ちなみに、副梢にも花穂がつき房になりますが、（二番なりなどと呼ばれています）、成熟期間が短いためにおいしいブドウには育ちません。また、副梢についた花穂には病気が発生しやすく、本梢の果実との養分競合も起こしますので、副梢についた花穂は切除してください。

開花・結実期の生育

器官形成と花ぶるい

　展葉4～5枚目頃になると新梢の先端に花穂が見え始めます。花穂は、それよりも以前の発芽期直前には芽の内部で急速に軸を伸ばし、発芽後は、花穂先端部では蕾の分化を続け発達していきます。

展葉５枚目のピオーネ

　蕾の内部では展葉が進むにつれて花冠や雄しべ、雌しべなどの器官が順次形成されていきます。花器が完成し、展葉12～13枚頃になると花冠が飛び開花が始まります。

　新梢に着生する花穂数は、樹体の栄養状態にもよりますが、「デラウェア」や「サニールージュ」などでは4～5花穂、「巨峰」や「ピオーネ」などでは2～3花穂、「リザマート」や「ピッテロビアンコ」などでは1～2花穂と品種によって異なります。

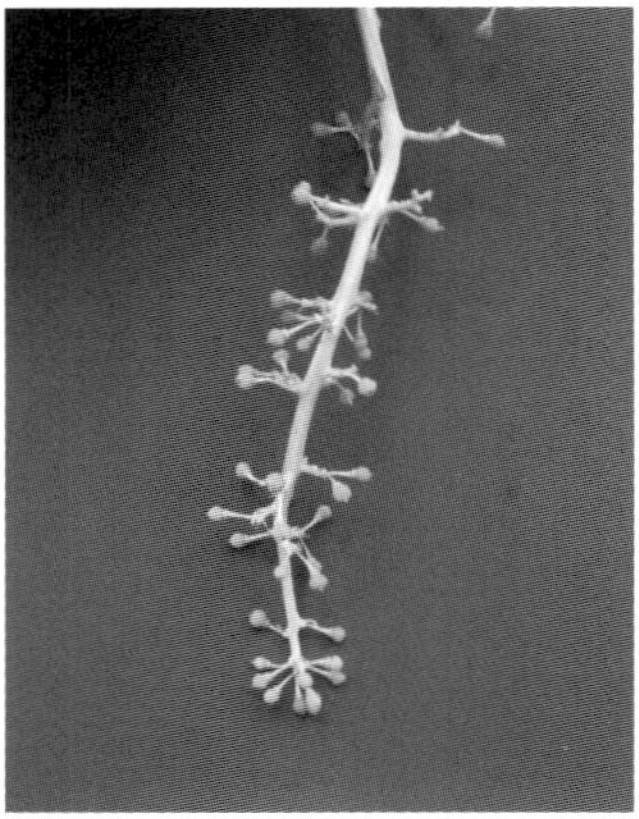

花ぶるい（シャインマスカット）

　花穂の大きさや蕾のつき具合も品種により異なり、「デラウェア」のように小さな花穂では蕾が２００粒程度、「巨峰」や「ピオーネ」では５００粒、「ネオマスカット」では１０００粒を超える蕾が花穂につきます。しかし、この蕾がすべて結実するわけではなく、果粒になるのは20～60％であるとされています。

　実際に、開花期の前には、花ぶるいと呼ばれる落蕾現象が起き、一つの房に数粒しか残らなくなり歯抜けの状態になることも珍しいことではありません。

　この花ぶるいという生理落果は、ブドウ特有の現象で、開花前から開花期までの短期間にいっせいに蕾が落下し、それ以降の生理落果はほとんど認められません。

花ぶるいの原因については後述しますが、ブドウに限らず果樹栽培の重要なポイントは、まずはよく結実させることです。着粒しすぎると摘粒や摘房に手間がかかって大変だという人もいますが、花穂の着生が悪い樹や花ぶるいをして着粒が少なくなった房には果粒を後からつけるわけにはいきません。ブドウ栽培成功のため結実確保は重要なポイントとなります。

◆房づくり（シャインマスカット）

房づくりの前

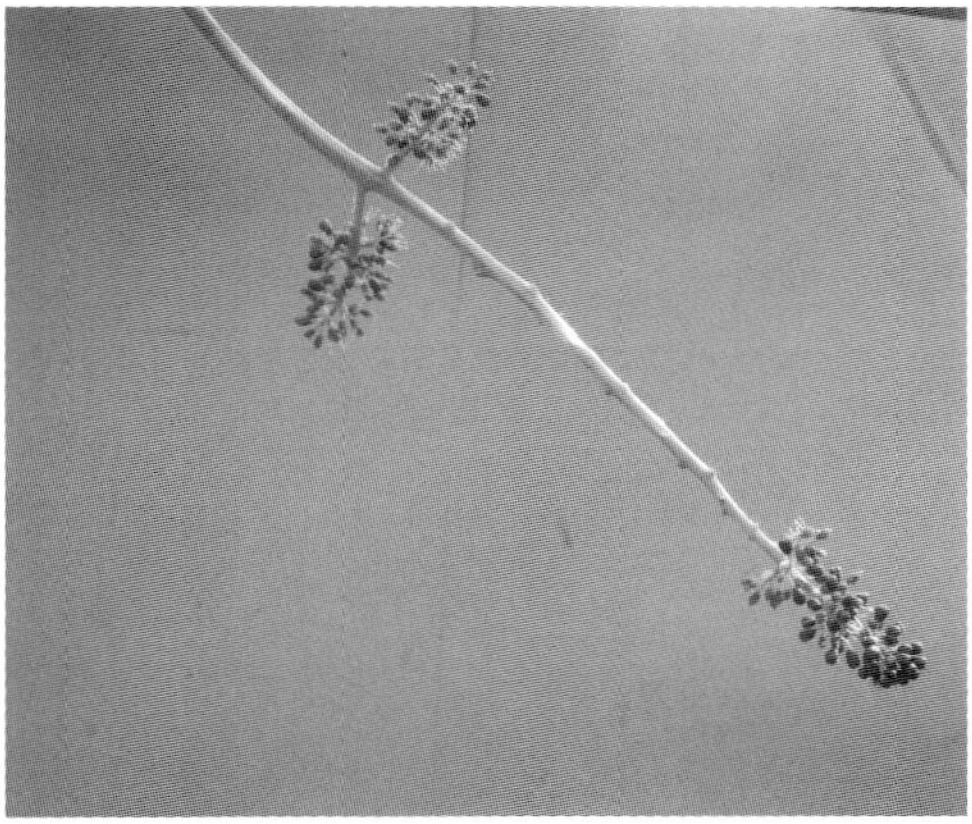

房づくり終了

摘房のポイント

摘房の目的

正常に生育しているブドウの新梢には二つ～五つの花穂がつきます。ついた花穂がすべて商品性のある果房に仕上がればよいのですが、実際の栽培現場では花穂を切り落とし、半分以下に制限しています。それはなぜでしょうか。

植物の葉の量を示す言葉にＬＡＩ（Leaf Area Index：葉面積指数）という指数がありますが、地表の面積に対しての、その上方にあるすべての葉の表面積を表す指数です。この値が大きくなるほど葉面積は多くなります。

発芽以降、ＬＡＩは徐々に大きくなっていき、ピーク時には、生産性の高いブドウ園ではＬＡＩ２～３になります。つまり、地表に対して２～３倍の葉面積、葉が２～３枚重なった状態になります。

ブドウの葉は真っ平らの形状ではなく、仰角がある漏斗状になっていますので、ＬＡＩ値が大きくても棚に降り注いだ日光を効率的に受光できるようになっています。しかし、ＬＡＩ値がこれ以上大きくなると、下層部の葉には光が届かなくなり黄化して光合成しない無意味な葉となってしまいます。

平面のブドウ棚では単位面積当たり

の葉面積にも限りがあり、単位葉面積当たりの光合成による同化量も決まってきます。同化産物は果房だけではなく枝や根や幹にも分配されます。

このようなことを計算すると、平棚のブドウにおいて、経済栽培が安定して継続できる収量は10ａ当たり１・５～２・０ｔが目安となります。

さて、摘房ですが、種なし栽培と種あり栽培では方法が異なります。また品種によっても方法は異なります。

大粒系品種・種なし栽培の摘房

ここでは、巨峰群品種や「シャインマスカット」、「瀬戸ジャイアンツ」などのように１果粒が10ｇ以上になる品種を大粒系品種とします。近年は消費者ニーズから種なし栽培が主流となっています。種なし栽培ではジベレリンなどの植物生長調節剤処理により着粒は安定していますので、着粒確保のために摘房を遅らせたり段階的におこなう必要もありません。

少し前までは以下のような花穂の整理がおこなわれていました。

房づくり時（開花直前～開花始め）に、80㎝以上伸びている強めの新梢には第１および第２花穂の二つを残し、第３花穂は切り落とす。80㎝未満の中庸な新梢には第１または第２花穂のうち花穂下部がすらっとした形がよい花穂一つを残し、ほかは切り落とす。30㎝以下の弱い新梢では花穂はすべて切り落とす。残した花穂はすべて房づくりをおこない、ジベレリン処理の後、摘粒の段階で再度摘房をおこなう。

しかし最近では、房づくり時には、30㎝以下の新梢は空枝にし、ほかのすべての新梢は１花穂に制限する生産者が増えています。

房づくり作業は非常に多くの労力を要しますので、少しでも省力化する意味で、このような方法を取り入れています。実際に、このような方法でも収量や品質が低下することはありませんので、大規模栽培の農家にはおすすめです。

大粒系品種・種あり栽培の摘房

巨峰群品種や「甲斐路」、「ロザリオビアンコ」といった品種では、まだまだ種ありで栽培している生産者も多いと思います。種あり栽培の場合、いかに結実を確保するかが重要なポイントとなります。これまでも結実確保に向けて、剪定や芽かき、誘引などの管理がなされてきました。摘房においてもやはり、まずは結実確保を念頭におこないます。

前述の種なし栽培のように一気に１新梢１花穂に制限してしまうと、養分が新梢の伸長に回り、花ぶるいを起こしてしまいます。樹勢が強めな樹や生育のそろいが悪い樹では摘房はおこなわず枝の伸びを抑えるようにします。

◆房づくり（巨峰）

房づくりの前

房づくり終了

非常に強い樹勢の場合は、摘房の時期を遅らせ新梢の伸びを抑えるようにします。

樹勢が落ち着いている樹では、多くの花穂を残しておく必要はありません。最終着房数の2倍を目安に残し、残りは摘房します。

小～中粒系品種の摘房

果粒重が10g未満の「デラウェア」や「ナイアガラ」、「キャンベルアーリー」などの品種は、一般に結実はよく、花ぶるいの心配は少ないです。

このため、種なし栽培でも種あり栽培でも、房づくり時には最終的な着房数に制限してしまってもよいでしょう。最終的な房数の目安は、強い新梢には2房、中庸な新梢には1房、弱い新梢は空枝とします。

房づくりのポイント

房づくりの目的

房づくりの目的は、花穂を切り詰めて蕾の数を制限することで蕾同士の養分競合を軽減して結実を安定させること、また、房型を整え商品性の高い房に仕上げることです。

先に述べたように「花ぶるい」は、蕾同士や新梢伸長との養分競合が主な原因ですので、このような状態を引き起こさないような管理をおこなう必要があります。新梢との養分競合の回避については、摘心をおこないますが、蕾同士の養分競合を回避するためには、ほとんどの品種で、程度の差こそあれ、房づくり作業をおこないます。

房づくりの時期や方法は品種によって異なるため、各品種の特性に応じておこなう必要があります。

大粒系品種の房づくり方法

果粒の重さが10g以上になる品種では、種なし栽培が主流です。

種なし栽培の場合は、開花の直前から開花始めの時期に、**図4・6**に示したように花穂の下部3～4㎝を残して、それ以外の支梗は切り落とします。「こんなに小さくして大丈夫なの？」と心配されるかもしれませんが、たった3㎝しか残さなくても、ジベレリン処理をおこなうと500～6

切り詰め基準

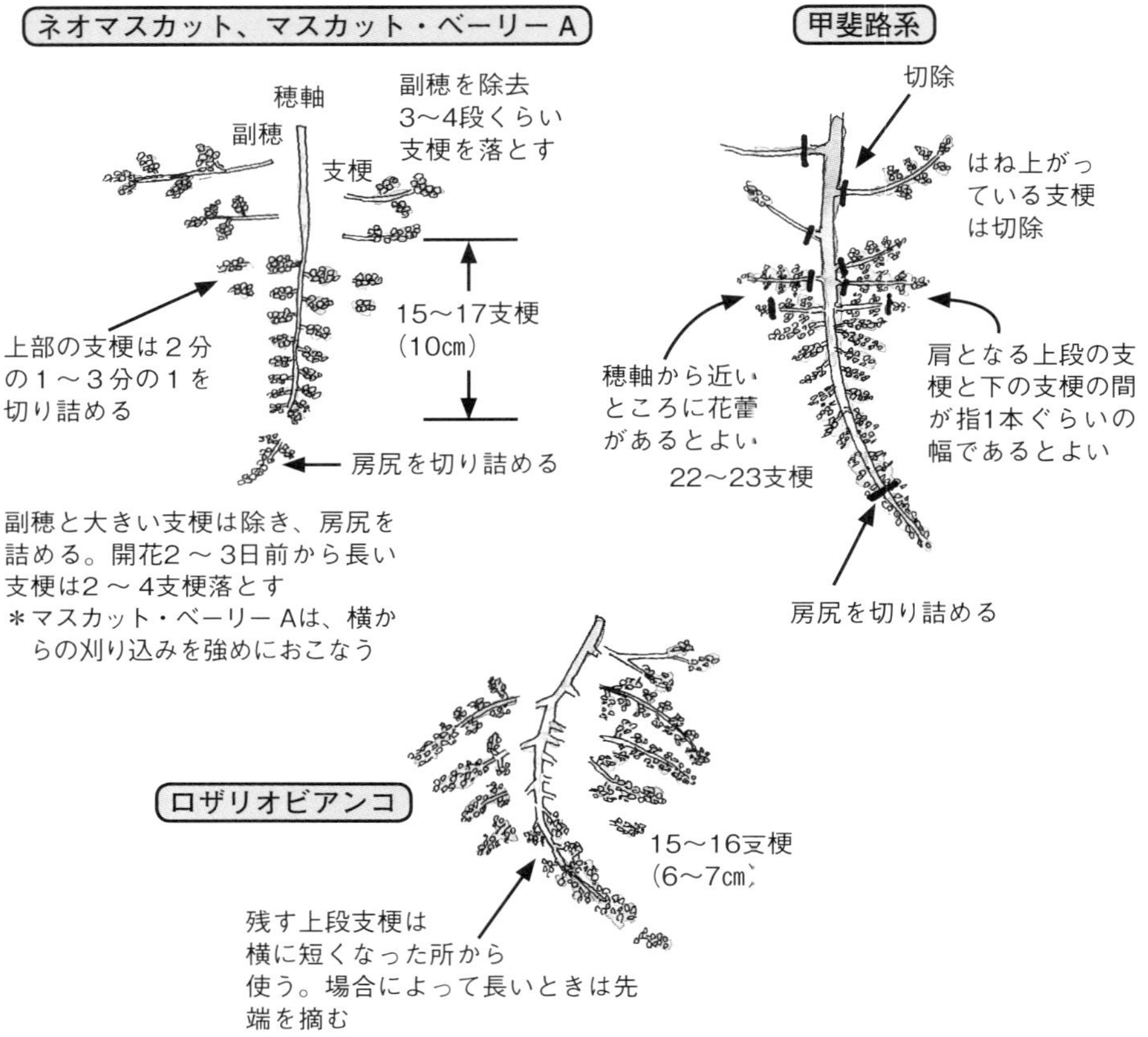

００ｇの立派な果房に仕上がります。

房づくりの時期は花穂が十分に伸びきった1～2輪咲き始めた頃が適期です。作業の都合上、この時期より早めにおこなう場合は、やや短めにつくらないと花穂が伸びて大房になりやすいので注意が必要です。

種あり栽培の場合は、支梗を上から切り下げ、花穂の下部を少し切り詰めて7cm程度の長さに房をつくります。種なし栽培の場合はジベレリン処理により穂軸が伸びるため、3cmで十分ですが、ジベレリン処理をおこなわない種あり栽培では穂軸があまり伸びないので7cmと長めにつくります。

房づくりの時期はやはり開花直前から1～2輪咲き始めた頃が適期です。しかし、樹勢が強い樹では開花期に入ってからおこなったほうが結実しやすい傾向にあるので、樹勢を見ながら時期を調整します。

「シャインマスカット」や「ロザリオ

図4−6　花穂の

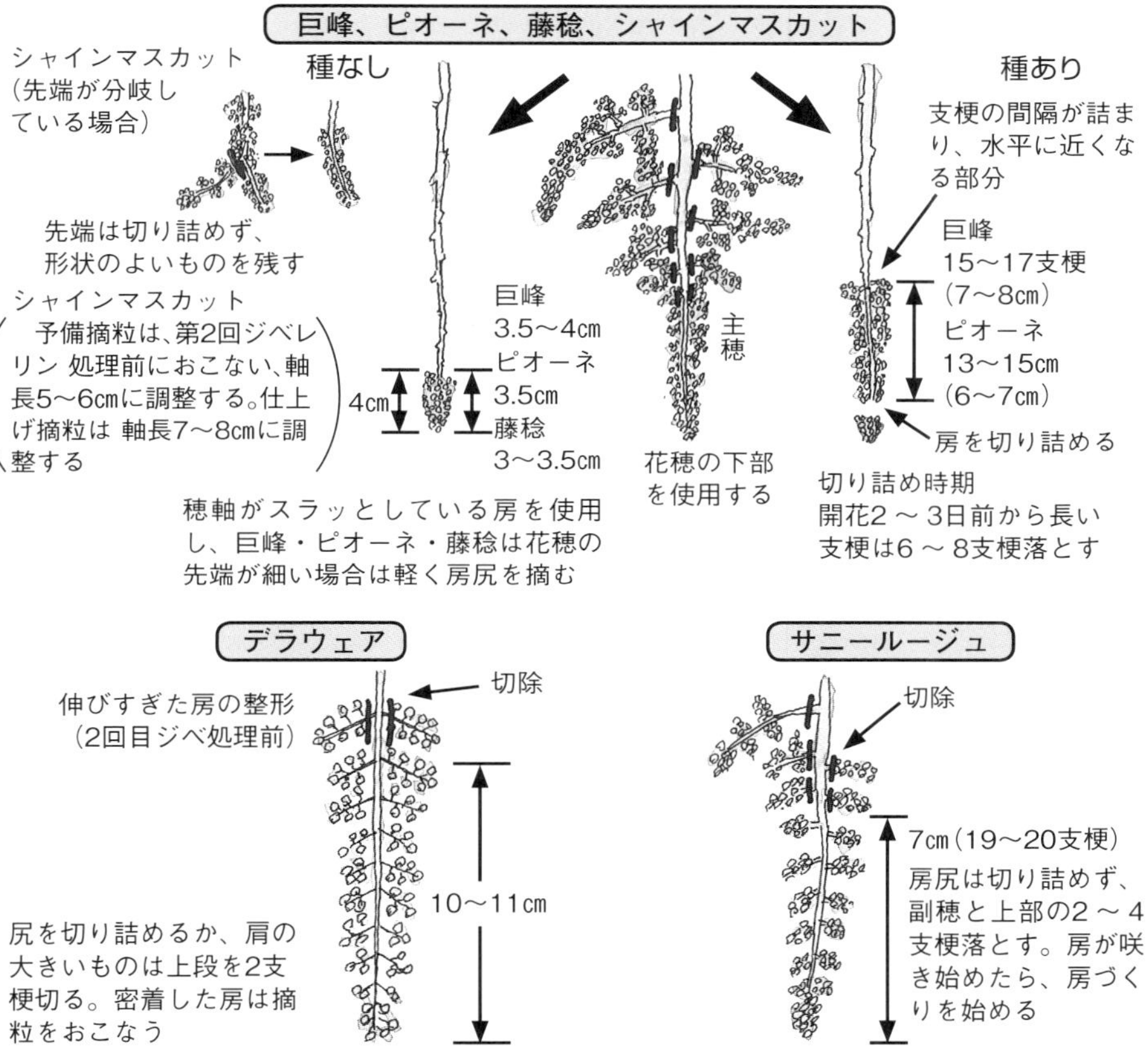

ビアンコ」などの2倍体の大粒種も「巨峰群品種」と同様の方法で房づくりをおこなうとよいでしょう。

その他の品種の房づくり方法

「デラウェア」や「サニールージュ」など小さな粒の品種は、上の支梗を2〜5段切り下げます。花穂下部の切り詰めはおこないません。

「ネオマスカット」や「マスカット・ベーリーA」、「甲斐路」などでは基本的にジベレリン処理はおこないません。上の支梗を5段程度切り下げ、花穂下部を切り詰めて10㎝程度の大きさにつくります。房づくりの時期はやはり開花直前から1〜2輪咲き始めた頃が適期です。ただし、「デラウェア」のように開花前にジベレリン処理をおこなうような品種では、ジベレリン処理の前までに房づくりは済ませます。

醸造用の品種では、房づくりはおこなわないか、副穂または最上部の一つの支梗を切り落とすのみの房づくりをおこないます。

ジベレリン処理のポイント

ジベレリン処理のねらい

　ジベレリンはブドウ栽培者にとっては最も親しみの深い植物ホルモンでしょう。現在、消費者ニーズや生産の安定化から多くのブドウで種なし栽培されていますが、種なし化や果粒肥大促進のためにジベレリンは欠くことのできない資材です。

ジベレリン処理

　ジベレリンの高等植物に対する生理作用は生育促進、開花促進、単為結果（受精がおこなわれずに果実をつける）の誘起、果実肥大促進、熟期促進、花ぶるい防止、落果防止、休眠打破や発芽促進、花芽抑制など多岐にわたり、ブドウのみならず、ほかの果樹や野菜、花きなどの生産安定技術として国の内外で広く実用化されています。

ジベレリン利用の始まりと現状

　ブドウでのジベレリンの利用試験は１９５８年、当時広く栽培されていた「デラウェア」の密着果房に対する裂果防止を目的として始まりました。当初、花穂を伸長させることにより着粒密度を下げ粗着にする試みでしたが、花穂伸長と同時に小粒の種なし果も認められました。

　そこで翌１９５９年、種なし化した小粒果を種あり果と同程度まで肥大させる処理方法が検討された結果、開花前と開花後の2回のジベレリン処理により種なしでしかも種あり果同程度の大きさの「デラウェア」を生産できることが確かめられました。１９６０年から全国の公立試験場が中心となり、各地のブドウ栽培園で種なし化試験が開始され、ブドウ栽培者に急速に普及していきました。

　現在では、「デラウェア」ではほとんどすべてが種なし栽培であり、近年、消費者の人気が高い「シャインマスカット」もほとんどが種なしで栽培されています。「巨峰」や「ピオーネ」などの4倍体品種では、花ぶるいしやすく、種あり栽培では結実が不安定でしたが、ジベレリン処理によって生産が安定し品質も向上しました。

　また、「ロザリオビアンコ」などの一部の欧州種では種なしにはしないものの果粒肥大促進の目的で使用されています。さらに、「サマーブラック」、

「甲斐美嶺」などの３倍体品種や「サニードルチェ」などの雄ずい反転性の品種ではジベレリン処理が必須となっています。

現在、種なし化や果粒肥大の目的での使用のほか、後に紹介するようなジベレリンを利用した省力栽培（花穂伸長に着目した摘粒作業の軽減）や処理回数の削減など省力化の観点での新たな利用方法も普及しつつあります。

ジベレリンの作用機構

種なし果の形成には単為結果の誘起と、単為結果した幼果の肥大促進という二つの過程を含み、ジベレリンは両方に関与しています。

ジベレリン処理による単為結果誘起の作用機構については、開花前の花穂へのジベレリン処理が花粉の発芽率を低下させることが認められており、また、胚珠の発達に影響することも観察されています。つまり、花粉側と胚珠側の両方が異常となることが原因で受精ができず、単為結果となると考えられています。

また、ジベレリンには生理落果を抑制するはたらきが認められています。単為結果した果実はそのままでは生育を停止して落果してしまいますが、ジベレリンを処理することにより小果梗の基部にある離層の発達が抑えられ落果を抑制することも認められています。

前記のような作用により開花前から開花時の１回目のジベレリン処理は、種なし化および着粒安定目的で使用されます。しかし、このままでは種あり果と同等な果粒肥大は得られないので、開花後の２回目の処理により個々の細胞の伸長を促し果粒肥大を促進させています。

ジベレリン処理の方法

処理濃度と処理方法

ジベレリンによる種なし化技術が「デラウェア」で実用化されて以来、さまざまな品種で種なし化をはかる試みがなされ、現在では**表４・５**のように多くの品種で適用されています。品種によりジベレリンの反応は異なるので、実用場面では品種ごとに最も効果的な濃度、時期が定められています。

以下に、品種群ごとの使用方法を記しますが、薬剤にも説明書が添付されていますので、よく読んでから使用するようにしてください。

巨峰系４倍体品種

前項に房づくり方法を示したように、房づくりをおこなって花穂の長さを３～４㎝にします。

この花穂が満開になったときに、ジベレリン25ｐｐｍの水溶液に浸漬《しんせき》します。この処理で種をなくすことができます。

開花時期がバラつく場合は、何回かに分けて処理をおこないます。処理時

表4－5　ジベレリン処理の目的と方法

使用目的	品種・グループ	1回目		2回目	
		使用時期	濃度	使用時期	濃度
無種子化・果粒肥大促進	２倍体米国系品種（ヒムロッドシードレスを除く）	満開予定日14日前	100ppm	満開後約10日後	75～100ppm
	２倍体欧州系品種	満開～満開３日後	25ppm	満開10～15日後	25ppm
	３倍体品種（キングデラ、ハニーシードレスを除く）	満開～満開３日後	25～50ppm	満開10～15日後	25～50ppm
	巨峰系４倍体品種（サニールージュを除く）	満開～満開３日後	12.5～25ppm	満開10～15日後	25ppm
果粒肥大促進（有核）	２倍体米国系品種（キャンベルアーリーを除く）	使用時期		濃度	
		満開10～15日後		50ppm	
	２倍体欧州系品種（ヒロハンブルグを除く）	満開10～20日後		25ppm	
	巨峰、ルビーロマン、ハニービーナス	満開10～20日後		25ppm	

＊平成25年４月現在の適用表から抜粋
＊下記の「品種による区分」に記載のない品種に対してジベレリンを初めて使用する場合は指導機関に相談するか、自ら事前に薬効薬害を確認したうえで使用すること。
２倍体米国系品種：「マスカット・ベーリーＡ」「アーリースチューベン（バッファロー）」「旅路（紅塩谷）」
２倍体欧州系品種：「ロザリオビアンコ」「ロザキ」「瀬戸ジャイアンツ」「マリオ」「アリサ」「イタリア」「紫苑」「ルーベルマスカット」「ロザリオロッソ」「シャインマスカット」
３倍体品種：「サマーブラック」「甲斐美嶺」「ナガノパープル」「キングデラ」「ハニーシードレス」
巨峰系４倍体品種：「巨峰」「ピオーネ」「安芸クイーン」「翠峰」「サニールージュ」「藤稔」「高妻」「白峰」「ゴルビー」「多摩ゆたか」「紫玉」「黒王」「紅義」「シナノスマイル」「ハイベリー」「オーロラブラック」

期が早いとショットベリーの着生や花穂の湾曲がみられます。一方、処理が遅れると、種あり果の混入や着色する品種では着色不良が心配されます。

２回目は１回目の処理から10～15日後にもう一回、今度は果粒を肥大させるために25ｐｐｍの水溶液に浸漬します。この場合も処理が遅れると着色不良や裂果が心配されますので、適期におこなうようにしましょう。

後述するようにアグレプト液剤やフルメット液剤と併用して、種なし化促進や着粒増加、果粒肥大促進をはかる技術も広く普及しています。

欧州系２倍体品種

「シャインマスカット」や「瀬戸ジャイアンツ」などは、この品種群になります。房づくり方法やジベレリン処理方法は、先に述べた「巨峰系４倍体品種」と同じ方法でおこないます。

１回目の処理は満開期におこないますが、未開花の花蕾が多く残っている状態で処理をおこなうと花穂が湾曲することがあるので、すべての花蕾が咲ききってから処理をおこないます。一方、処理が遅れると花ぶるいが発生しやすくなるので注意が必要です。

２回目は巨峰群品種と同様10～15日後におこないます。

なお、「シャインマスカット」ではジベレリン処理だけでは完全に種なし化がむずかしいので、開花の前にアグレプト液剤を処理します。また、着粒安定のため１回目のジベレリン処理液にフルメット液剤５ｐｐｍを加用しての処理が一般的です。

ジベレリン処理用カップ（左・1回目、右・2回目）

米国系2倍体品種

「デラウェア」や「マスカット・ベーリーA」など米国系の血が濃い品種はジベレリンに対する感受性が鈍いことから、ジベレリンの濃度を濃くする必要があります。また、１回目の処理時期も満開期では種が入ってしまうので、満開の前に処理します。

図４－７　デラウェアのジベレリン処理の例

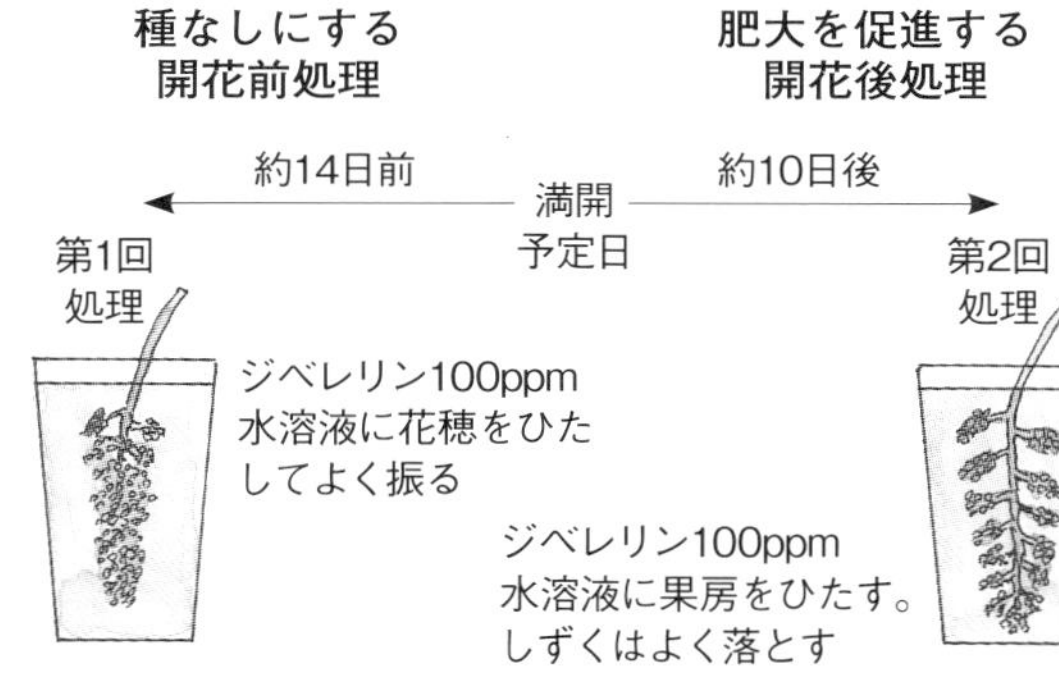
種なしにする
開花前処理
肥大を促進する
開花後処理
約14日前
満開
予定日
約10日後
第1回
処理
第2回
処理
ジベレリン100ppm
水溶液に花穂をひた
してよく振る
ジベレリン100ppm
水溶液に果房をひたす。
しずくはよく落とす

注：処理した房の満開日は、ふつうより3～4日早くなる

具体的には、満開予定日の２週間前にジベレリン１００ｐｐｍの水溶液に浸漬します。さらに、処理した花穂が満開となった10日後にふたたび１００ｐｐｍに浸漬します（**図４・７**）。

なお、第１回処理の適期は基準を未来においているため判断しにくいと思われます。慣れてくると花穂の状態で判断できるようになりますが、目安として、展葉10～11枚の時期がほぼ満開２週間前にあたります。

その他の品種

上記に当てはまらない品種についても、種なし化は可能です。ジベレリンに添付されている説明書には、ほぼすべての品種が網羅されていますので、参考にしていただきたいと思います。

植物生長調節剤の利用

ジベレリンの処理適期は限られており、天候によっては適期に処理できない場合もあります。また、樹勢によっては種が混入しやすくなったり、花ぶるいが生じたりする場合もあります。このため、いくつかの植物生長調節剤（以下、植調剤と略）が利用されています。

　ジベレリンを含む植調剤は無種子化や果粒肥大促進、新梢伸長抑制などの目的で広く使用されており、今日のブドウ栽培においてきわめて重要な役割を担っています。

　植調剤の多くは、植物ホルモンと同様の働きをするため、わずかな量で生育に大きな影響を及ぼします。効果が大きい反面、使用法を誤ると、品質低下を招いたり、薬害を生じるおそれもあります。このため、使用にあたっては、植調剤の性質を十分理解したうえで、樹勢や使用時期、天候などに細心の注意を払い、適正に使用することが肝要です。

　ここでは、ブドウの安定生産に向け、広く使用されている植調剤の使用のポイントを再確認します。

アグレプト液剤による無種子化

　アグレプト液剤の登録内容を**表4・6**に示しましたが、現在、ブドウ全般に無種子化を目的に使用可能となっています。近年は種なし栽培が主流ですが、「シャインマスカット」や「藤稔」などの種子の入りやすい品種では本剤の使用は必須です。

　無種子化の作用機作は受精前の胚珠の発育阻害によるものとされています。このため、開花前の早い時期での処理のほうが無種子化の効果が高くなります。使用時期は満開予定日の14日前から満開時ですが、処理時期が満開日に近づくほど種が混入しやすくなります。生育状況をよく観察し、早めの処理が効果的です。

　処理方法には散布と花房浸漬があります。種あり栽培樹との混植園や隣接

表4－6　アグレプト液剤の使用目的と使用方法

作物名	使用目的	希釈倍率	使用液量（ℓ／10a）	使用時期	本剤の使用回数	使用方法	ストレプトマイシンを含む農薬の総使用回数
ブドウ	無種子化	1,000倍（200ppm）	200～700	満開予定日の14日前～開花始期	1回	散布	1回
			30～100			花房散布	
			—			花房浸漬	
				満開予定日の14日前～満開期		花房浸漬（第1回ジベレリン処理と併用）	

注：2015年10月31日現在の登録内容

園周縁部では、薬液飛散のおそれがあるので浸漬処理とします。

　アグレプト液剤を処理したのにもかかわらず、種が混入する年がしばしば見られます。このような年はアグレプト液剤の処理時期である5月の湿度は低めで、風も強い傾向にあります。このような気象条件は薬効を低下させるので、強風時や極端に乾燥している日には処理はおこなわないようにします。乾燥が続く場合には、処理後の湿度を確保するため、圃場に散水をおこないます。また、午後には強い風が吹きやすいので、午前中に処理をおこなうようにします。

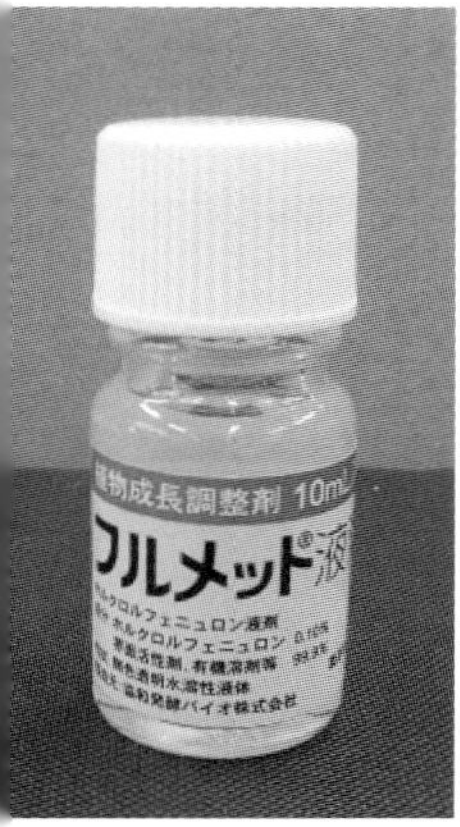

フルメット液剤

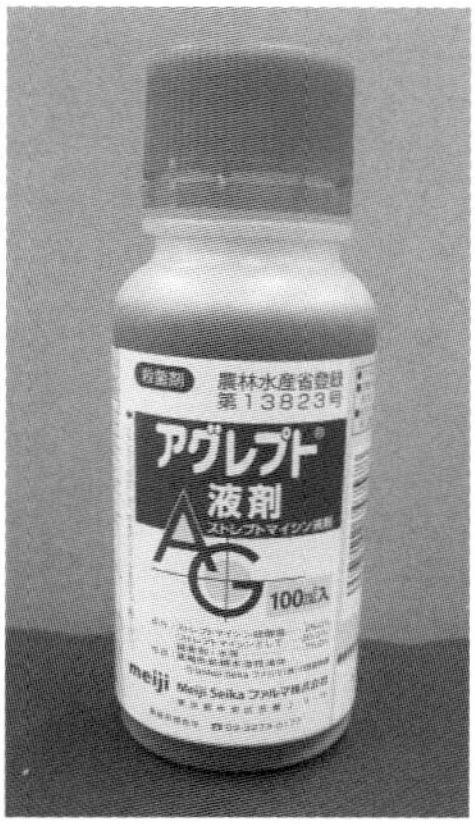

アグレプト液剤

フルメット液剤との混用

　フルメット液剤はサイトカイニンと同様のはたらきをし、その作用は細胞分裂の促進、細胞伸長の促進、単為結果の誘起、着果促進、老化防止などです。ブドウでは着粒安定や果粒肥大促進、花穂発育促進を目的に広く使用されています（**表4・7**）。

　種なし栽培の巨峰系4倍体品種や欧州系2倍体品種では着粒安定を目的に、第1回のジベレリン処理液に2～5ppmを加用して処理しています。果粒肥大促進目的では、第2回のジベレリン処理液に5～10ppmを加用して処理するか、フルメット液剤単用で処理します。

　山梨県の「巨峰」や「ピオーネ」、「シャインマスカット」では、第1回に5ppmを加用しての処理が広くおこなわれています。着粒安定と果粒肥大促進効果があり、処理適期幅の拡大も見込まれるので、とくにいっせいに処理をおこなう場合は、必須となっています。

　第2回に加用しての処理は、果粒肥大は優れるが、着色不良や糖度低下など品質が低下しやすいので、巨峰系4倍体品種では推奨されていません。なお、ジベレリンに加用しないで、5ppmを単用で処理すると、果粒肥大はやや劣りますが、着色不良となることは少ないようです。

　欧州系2倍体品種の「サニードルチェ」では「しぼみ果」軽減のため、2回目のジベレリン処理液への加用もおこなわれています。

　フルメット液剤は、生産安定のために非常に有用な薬剤ですが、反面、過剰な着粒や果粒肥大が摘粒作業や着色に悪影響している事例も多く見られま

表4−7　フルメット液剤のブドウの品種区分における無核栽培の適用内容（2016年3月現在）

主な品種		使用目的	使用濃度（ppm）	使用時期	使用方法
2倍体米国系品種	マスカット・ベーリーA、アーリースチューベン（バッファロー）、旅路（紅塩谷）など	着粒安定	2～5	満開予定日 約14日前	ジベレリン加用 花房浸漬
		果粒肥大促進	5～10	満開約10日後	ジベレリン加用 果房浸漬
	デラウェア[1] （露地栽培）	着粒安定	2～5	開花始め～満開時	花房浸漬
			5		花房浸漬
		果粒肥大促進	3～5	満開約10日後	ジベレリン加用 果房浸漬
			3～10		ジベレリン加用 果房散布
		ジベレリン処理 適期幅拡大	1～5	満開予定日 18～14日前	ジベレリン加用 花房浸漬
2倍体欧州系品種	瀬戸ジャイアンツ、ルーベルマスカット、シャインマスカット、オリエンタルスター、ジュエルマスカット、サニードルチェなど	着粒安定	2～5	開花始め～満開前 または満開時～ 満開３日語	花房浸漬
					ジベレリン加用 果房浸漬
		果粒肥大促進	5～10	満開10～15日後	ジベレリン加用 果房浸漬
		無種子化・ 果粒肥大促進	10	満開３～５日後 （落花期）	ジベレリン加用 花房浸漬
		花穂発育促進	1～2	展葉６～８枚時	花房散布
３倍体品種	サマーブラック、甲斐美嶺、ナガノパープル、キングデラ、ハニーシードレス、BKシードレスなど	着粒安定	2～5	開花始め～満開時 または満開時～ 満開３日後	花房浸漬
					ジベレリン加用 花房浸漬
		果粒肥大促進	5～10	満開10～15日後	ジベレリン加用 花房浸漬
巨峰系４倍体品種	巨峰、ピオーネ、安芸クイーン、翠峰、サニールージュ[2]、藤稔、ゴルビー、ブラックビート、クイーンニーナ、シナノスマイル、陽峰、紫玉、高妻など	着粒安定	2～5	開花始め～満開時	花房浸漬
				または満開時～ 満開３日後	ジベレリン加用 花房浸漬
		果粒肥大促進	5～10	満開10～15日後	ジベレリンに加用または単用で処理　果房浸漬
		無種子化・ 果粒肥大促進	10	満開３～５日後 （落花期）	ジベレリン加用 花房浸漬
		花穂発育促進	1～2	展葉６～８枚時	花房散布

注：①デラウェアの施設栽培における着粒安定の登録は、開花始め～満開時にフルメット5～10ppm花房浸漬となっている

②サニールージュは着粒密度低減・果粒肥大促進の登録があり、開花予定日20～14日前にフルメット3ppmをジベレリン25ppmに加用して処理する

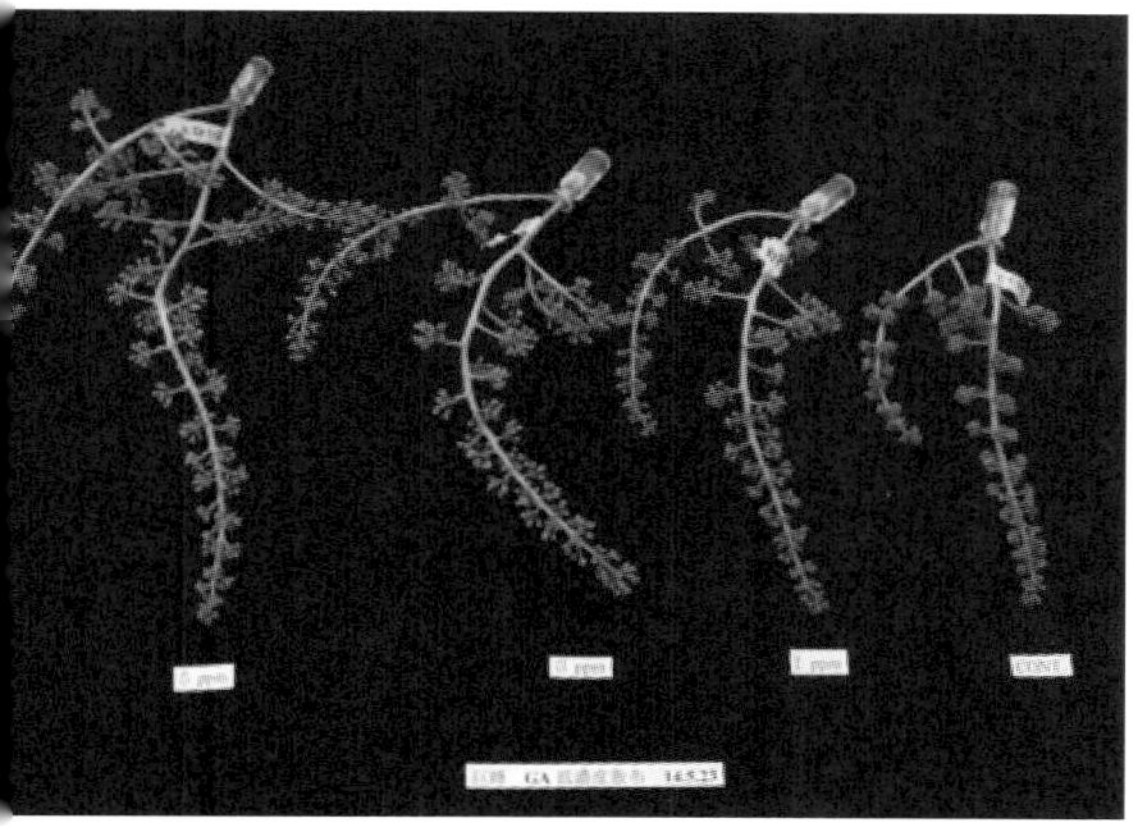
花穂の伸長状況

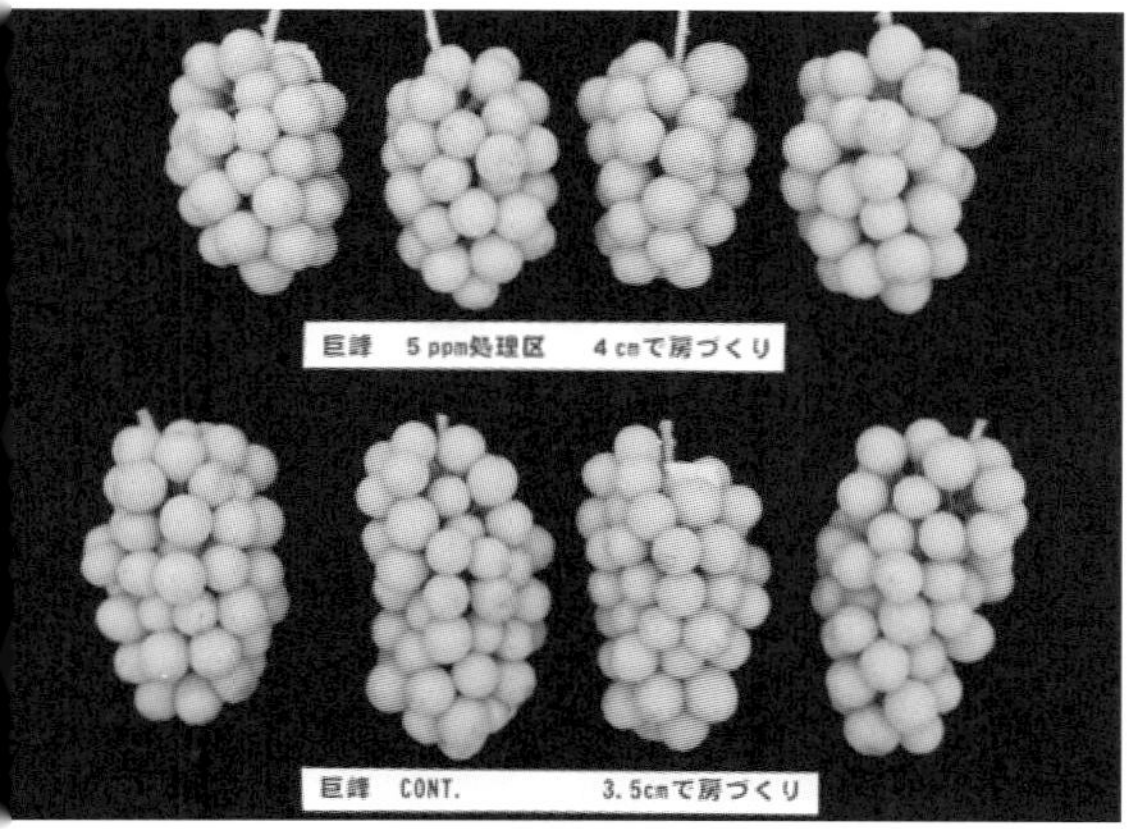

花穂伸長区の着粒状況

す。使用にあたっては、樹勢や栽培環境を勘案し、濃度の調整など十分に注意を払って使用する必要があります。

植調剤を利用した省力化技術

前述のような種なし化や果粒肥大の目的での使用のほか、省力化の観点での新たな利用方法も普及しつつあります。ここでは最近開発された省力技術を紹介します。みなさんの経営に役立てていただきたいと思います。

低濃度散布による花穂伸長技術

摘粒作業の軽減をめざして開発された技術です。展葉３～５枚時にジベレリン３～５ｐｐｍを花穂に散布して花穂を伸ばし、着粒密度を下げることで摘粒作業の軽減をねらいとしています。現在（２０１６年３月）は、巨峰系４倍体品種で登録されています。この処理をおこなった摘粒前の果房（巨峰）を写真で示しました。

処理方法は肩かけ噴霧器などを用いて花穂をねらって散布します。園全体が展葉５枚程度になった時期が処理適期です。動力噴霧機やＳＳで樹全体に散布すると、翌年に不発芽や発芽の遅延などの致命的な障害が発生しますので、必ず肩かけ噴霧器などを用いて花穂に散布することが重要です。

なお、かならずしもすべての花穂に処理する必要はなく、多少生育がバラついているような園では、展葉５枚程度に生育している新梢に着生している花穂にのみ処理するだけでも摘粒作業の軽減が期待できます。

ハウスでの使用は、支梗の伸びすぎや花穂の湾曲を生じるので、本技術の適用は露地のみとします。

初めてこの技術を導入する場合は、園の一部で試し、散布量と伸長効果を見きわめ、コツをつかんでから本格的に実施するようにしましょう。

「サニールージュ」の早期ジベレリン処理

先に述べた果房伸長技術とは別に、「サニールージュ」においては早期ジベレリン処理による摘粒作業の軽減技術があります（**図4・8**）。

図4－8　サニールージュの早期ジベレリン処理

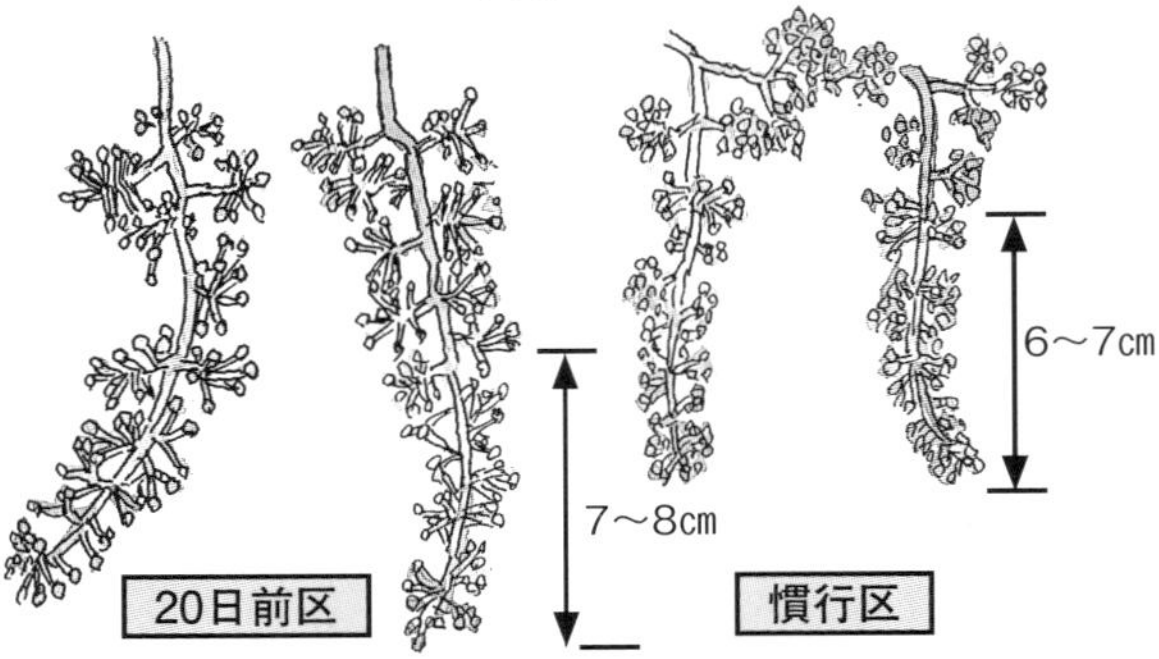

注：房づくり後の伸張割合が小さいため、慣行の房づくりよりもやや大きめにおこなう

具体的には満開20〜14日前にジベレリン25ｐｐｍにフルメット液剤3ｐｐｍを加用して浸漬処理し花穂伸長と着粒安定をはかります。第2回は果粒肥大促進目的に満開10〜15日後にジベレリン25ｐｐｍを処理します。

慣行に比べ花穂が大幅に伸長し、着粒密度、着粒数が減少し摘粒時間が大幅に減少します。

開花期に近づくほど花穂伸長効果は低下するので、省力効果を最大限得るためには、満開20日前処理（展葉9枚時）を基準とするとよいでしょう。

具体的な処理方法は、房づくり前の第2および第3花穂に、下部から半分程度に浸漬します。その後、花穂は急激に伸びますが、伸びきった花穂は第2回の処理までに房尻を切らずに7〜8㎝程度に整形します。

このとき、形がよく摘粒しやすい房を残し、この段階で1新梢1房に制限し余計な手間がかからないようにします。摘粒は軸長8㎝、45〜50粒を目安とすると400ｇ前後の房に仕上がります。

ジベレリン1回処理

ジベレリン1回処理とは、従来2回おこなっていたジベレリン処理を1回に削減する処理方法です。

具体的には、満開3〜5日後に、ジベレリン25ｐｐｍにフルメット液剤10ｐｐｍを加用した液を花穂に浸漬します。

試験開始当初は省力化を主な目的としていましたが、このほかにも着色向

ジベレリン1回処理の花穂（満開の3〜5日後）

上、果粉が厚くのり外観が美しくなる、支梗が伸びにくく房がまとまりやすい、などの利点も再確認されています。

1回処理は適期に処理をおこなうことが、成功のポイントです。適期よりも早く処理をおこなうと果粒肥大が不足します。

一方、処理が遅れてしまうと着色不良となります。新梢の生育がそろっている樹では処理もやりやすいですが、バラついている場合は、何回かの拾い漬けが必要となります。

この1回処理技術だけの問題ではないのですが、植調剤の利用は、適正樹相の樹での処理が前提です。とくに樹勢が弱い場合は、種の混入や果粒肥大不足、過度な着粒による摘粒労力増大などの問題が生じるので、適正な樹勢に導くように管理していくことが重要です。

果粒肥大期の生育

果粒の生長曲線

開花期以降、ブドウの果粒の発育は二重S字曲線を示し、以下の3段階に分けられます（**図４-９**）。

果粒肥大第Ⅰ期　果粒は開花期以降、30～40日で急激に肥大します。とくに開花後2週間は細胞分裂が盛んにおこなわれ、最終的な果粒の細胞の数が決まります。

この時期に曇雨天が続くような年には、果粒肥大不足や裂果の発生が多くなる傾向にあります。ちなみに、小さい果粒が好まれる醸造用ブドウでは、この時期の灌水を制限して、人為的に果粒肥大を抑制させる栽培方法もあります。

果粒肥大第Ⅱ期　第Ⅰ期の後の2週間程度、果粒の肥大が停滞する時期がありますが、この時期を果粒肥大第Ⅱ期と呼びます。第Ⅱ期は硬核期とも呼ばれ、種子が硬化して胚の生長が盛んな時期であり、果肉と種子の間に養分

図4-9　ブドウの果粒の生長曲線（模式図）

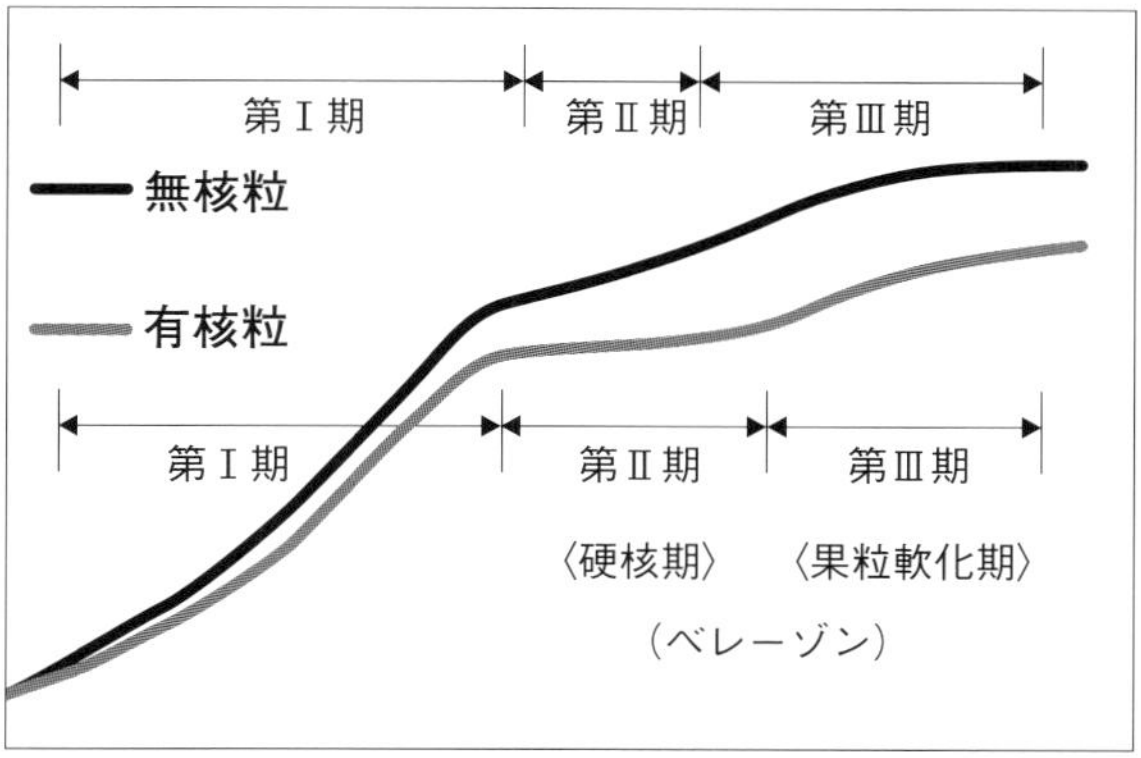

競合が生じ、果粒の肥大が停滞するとされています。

なお、ジベレリン処理により種なし化した果粒にも、期間は短くなりますが、第Ⅱ期が認められますので、第Ⅱ期の果粒肥大の停滞は、種子との養分競合のためだけではないかもしれません。

果粒肥大第Ⅲ期　第Ⅱ期が終わると果粒が急速に軟化してきます。この第Ⅱ期と第Ⅲ期との境界の果粒軟化期はベレーゾンと呼ばれています。ベレーゾン以降の第Ⅲ期は糖の蓄積が進み、有機酸は減少し成熟していきます。

また、着色品種では糖度の上昇に伴って果皮にアントシアニンを蓄積していきます。

着果量の調節

栄養状態のよいブドウ樹では、1本の新梢に二つ～五つの果房がつきます。この着生したすべての果房が、秋になって甘くなり収穫できれば嬉しいのですが、なにも手を施さないでいると、すべての果房が未熟のままで終わってしまい残念な結果になってしまいます。

すべての果房を残さないにしても、葉面積に対して着果量が多すぎると、果粒肥大や糖度、着色といった果実品質に影響を及ぼします。

房づくりや摘粒といった手間のかかる果房管理をおこなって品質の高いブドウの生産をめざしているわけですが、思い切った摘房ができずに着果過多により品質が低下してしまった事例がしばしば見られます。せっかくの努力が報われるよう着果量には十分気をつけたいものです。

ブドウの果房が熟して甘くなるには、ある程度の葉面積が必要です。摘房の項でも述べましたが、平面であるブドウ棚では活躍できる葉の面積も限りがあり、LAI値は2～3となります。果実が成熟するためには光合成で生産された炭水化物の蓄積が必要になりますが、葉面積が限られているので、必然的に果房に分配される量も限られます。

「巨峰」などの大きな粒の品種では、昔から1粒1葉といわれています。30粒の「巨峰」の房を成熟させるには30枚の葉が必要というわけです。食味のよい果房を収穫するためには、房数を制限する管理作業が必須となります。

すでに、房づくり時に房数をある程度制限していると思いますが、開花後、結実状態が確認できた段階で最終的な着房数になるように房を落とし、余計な労力をかけないよう摘粒作業に入る前におこないます。摘粒を終えた房を落とすといったことはなるべく避けなければなりません。

過剰に着果させた樹では、食味や着色が劣り品質の高いブドウは生産できません。思い切った摘房ができるかどうかが、作業の効率化と高品質ブドウの生産のポイントとなります。代表的な品種の具体的な方法について以下に示します。

巨峰系4倍体品種・種あり栽培

結実が確認できる頃までは樹勢調節のため最終着房数の3〜4倍の房が残っていると思います。果粒肥大を促進するためにも、結実が確認できしだい早めに摘房し、最終的な着房数の2割増しくらいにしておきます。普通の年では満開から2週間頃には結実が確認できます。

着果量を調節した果房（巨峰）

摘房は結実状況を確認しながら、花ぶるいしていて種あり果のつきが少ない房や種あり果が偏っている房、密着していて摘粒に時間がかかる房を優先して落とします。これ以降は新梢の勢力に応じて順次摘房をおこないますが、ベレーゾン期には最終着房数に仕上げます。

巨峰系4倍体品種・種なし栽培

房づくりの段階で1新梢1房に整理してあると思います。これでも最終着房数の2割増しの房が残っていますので、房型の良否がわかりしだい、2回目のジベレリン処理までに最終的な摘房をおこないます。房型は1回目ジベレリン処理の10日後頃には良否が確認できます。原則として中庸から強い新梢には1新梢1房とし、弱い新梢は空枝とします。

「シャインマスカット」・種なし栽培

巨峰系4倍体品種と同様、房づくりの段階で1新梢1房に整理してあると思いますが、最終的な着房数よりもまだ多い状況です。原則として中庸から強い新梢には1新梢1房とし、弱い新梢は空枝とします。

2回目のジベレリン処理までに、花ぶるいして着粒が少ない房や型が悪い房、着粒が多く摘粒に時間がかかる房を優先して落とします。

残す房数の目安

残す房数は果房の大きさによって異なります。残す房数の目安は**表4・8**に示しましたが、ざっくりとした目安としては、「巨峰」のように大きな粒の品種では、1新梢当たり1房、「デ

表4－8　残す房数の目安 3.3m^2（1坪）当たり

品種		新梢数	房数
デラウェア		30本	45房
サニールージュ		25〜30本	14〜15房
種なし	巨峰	20〜25本	9房
	ピオーネ		
	藤稔		9〜10房
種あり	巨峰	25〜30本	12〜13房
	ピオーネ		
シャインマスカット		18〜20本	10房
ネオマスカット		22本	16房
ロザリオビアンコ		25〜25本	10房
甲斐路		18〜20本	12房
甲州		25本	17房

ラウェア」や「スチューベン」のような小さな粒の品種では1新梢当たり2房を残します。

1粒の重さが10g程度の品種では、長い新梢には2房、中程度の新梢には1房を残します。

残す果房は、房型のよいものを優先し、粗着の房や摘粒作業に時間がかかる過密着果房を落とします。

摘粒の目安と方法

摘粒

房づくりの項で、花蕾の数を制限する房づくりの必要性を述べましたが、花穂を短く切り詰めても、たとえば巨峰群品種では50～60粒の果粒がついています。

将来的には一粒が約13g、大きいものでは20g程度にまで肥大しますので、この状態のままでは密着して裂果してしまいます。そこで粒を間引く摘粒という作業が必要となります。

摘粒はブドウの管理作業の中で最も手間がかかる作業です。実止まり期以降、果粒は急激に肥大しますので、限られた時間の中で摘粒作業を終わらせなければなりません。

大豆くらいの大きさになると果粒の良し悪しが判断できますので、果粒の形のよいものを優先的に残します。極端に小さい果粒や内側に向いている果粒、キズやサビ果、裂果している粒などは落とします。

ちなみに、見た目が美しい果房に仕上げるためには、房の長さやバランスが重要になります。

摘粒時にもったいないと思って、多くの果粒を残してしまうと、将来果粒の肥大が劣ったり、裂果したりしますので、将来の果粒肥大を想定して、果粒同士のスペースを十分に確保した思い切りのよい摘粒をすることが美しく仕上げるポイントになります。

以下に代表的な品種について、山梨県でおこなわれている摘粒方法を示します。

巨峰群品種（種なし）の摘粒

実止まり確認後、なるべく早い時期におこなうと果粒肥大や作業効率が上がり品質向上につながります。しかし、大規模な経営では、どうしても摘粒のタイミングが遅れがちになります。最近ではジベレリンを利用した摘粒作業の軽減技術も開発されてきましたが、それでも摘粒には多くの労力がかかっているのが現状です。

　摘粒には「予備摘粒」、「仕上げ摘粒」、「見直し摘粒」があります。

予備摘粒

　１回目のジベレリン処理が済みしだい、果粒肥大が進んだ果房から予備摘粒をおこないます。おおむね処理４日後には予備摘粒ができるようになります。

　予備摘粒と同時に、まず、房が伸びすぎた果房は、着粒状況を見ながら上部支梗を切り下げるか房尻を切り上げるかして軸長をそろえます。目標果房重を５００ｇとした場合、軸長は７㎝になります。

　予備摘粒は、内向き果やショットベリーを取り除く程度ですが、この時期であればハサミを使わずに果粒を軽くひねることで摘粒できます。

仕上げ摘粒

　２回目のジベレリン処理の前後におこないます。ジベレリン処理後は急激に果粒が肥大してきますので、作業が遅れると効率が悪くなります。

　房型は密着した円筒形の房を目標とします。果梗が太く大きい果粒を中心に外向き果を残します。

　最上部の支梗には上向き果粒を２〜３粒配置し、穂軸を包み込むようにしてボリューム感を持たせます（**図４-10**）。摘粒のさいには果梗の切り残し

予備摘粒前（ピオーネ）

予備摘粒後

図4-10　仕上げの摘粒

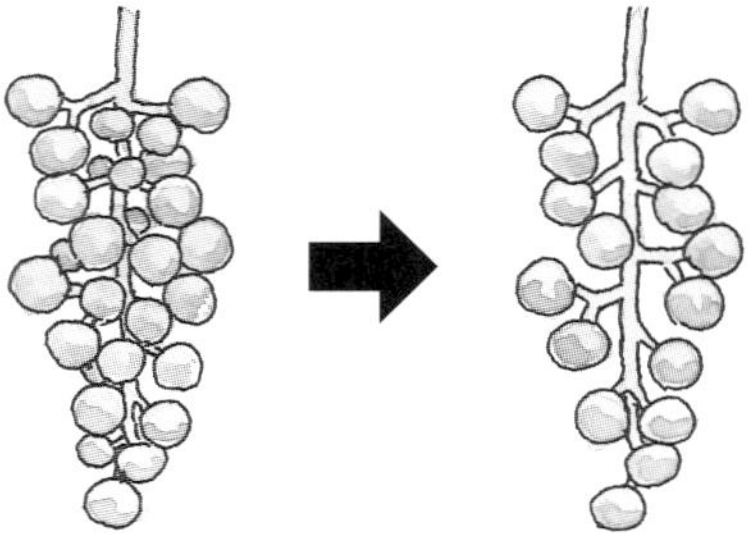
生育の悪い粒を間引いてすきまをつくり、残った粒が大きく育つようにする

仕上げ摘粒後

は収穫期の裂果の原因となることがあるので、支梗はつけ根から切るようにします。

見直し摘粒

仕上げ摘粒がうまくおこなわれていれば、見直し摘粒は必要ありません。しかし、カサかけや袋かけの前に、果粒肥大が進み果粒同士がぎっちり詰まっているような状態の房では圧迫による裂果を防ぐため見直し摘粒をおこなう必要があります。

この時期には果粒が十分に肥大しているので、ハサミによるキズやブルーム（果粉）を落とさないようにとくに注意が必要です。

図4－11　巨峰群品種の摘粒の目安

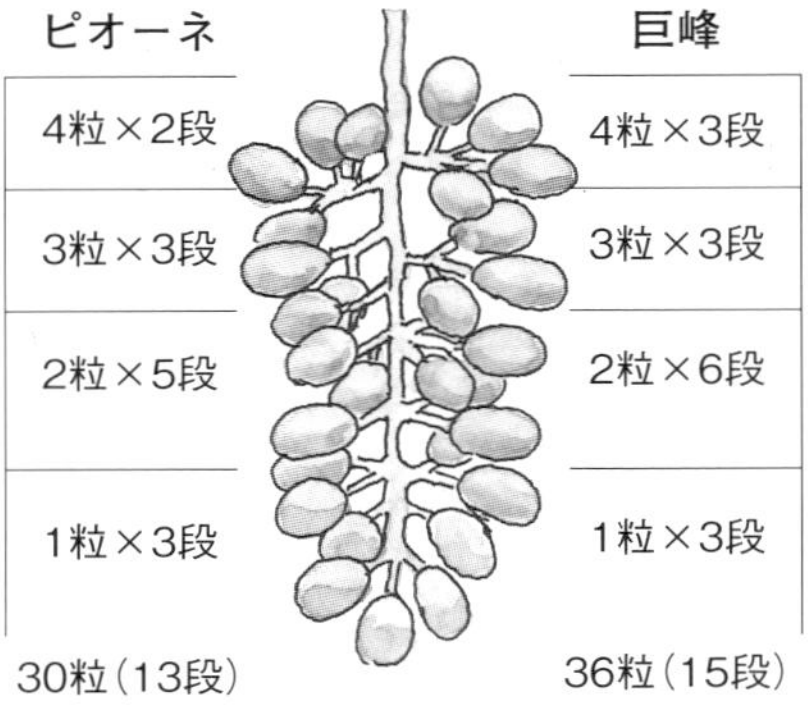

巨峰群品種（種あり）の摘粒

種なし栽培と同様、種なし果、種あり果が確認できしだい、なるべく早い時期におこないます。早めにおこなうことで、果粒肥大を促すとともに、今まで抑えぎみにしていた新梢の伸長を促します。

摘粒の目安を**図4-11**に示しました。穂軸が長い場合は上部の支梗を切り下げるか、房尻を切り上げ軸長10cm程度とし、30~35粒をバランスよく残します。花穂の最下部を使わずに花穂下部を切除して7cm程度に房づくりをおこなっているので、上部の支梗が伸びている場合があります。

長く伸びているような場合には、はみ出している果粒を切除し円筒状に仕上げます。

「シャインマスカット」（種なし）の摘粒

シャインマスカット（種なし）の房づくり、摘粒、仕上がりの果房を**図4-12**に示します。

予備摘粒

1回目のジベレリン処理後4~5日後には、4cmで房づくりした花穂も倍以上の長さになっています。果粒同士の養分競合を防ぐため、この時期に一度、5~6cmに花穂の長さをそろえておきます。以降も花穂は伸びるので仕上げ摘粒時には7cm程度になり、収穫時には500~600gの果房に仕上がります。

軸長をそろえるときは、上部支梗の切り下げを基本とします。仕上げ摘粒時に支梗を切り上げると、果粒が上を向きにくく、上部穂軸を包み込まなくなるので予備摘粒時に切り下げるようにします。ただし、房尻が間のびして

図4－12　シャインマスカットの摘房、摘粒

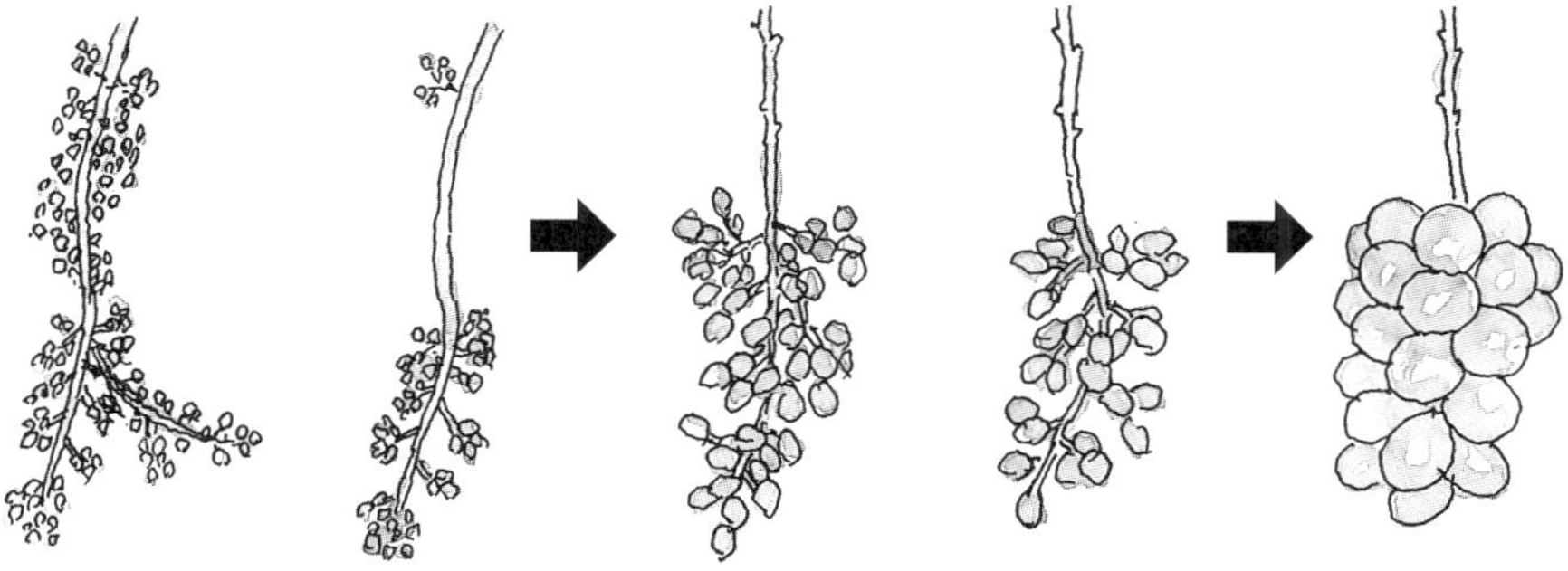

①房づくりの前（左）と後　②摘粒の前（左）と後　③果房の仕上がり

◆房づくりと摘粒（シャインマスカット）

房づくり前（左）と房づくり後

いたり粗着な場合は、切り上げて調整します。

穂軸をそろえると同時に内向き果などを除去しておくと、後の仕上げ摘粒がラクになりますが、忙しい場合には軸長の調整だけでもぜひおこなっていただきたいと思います。

仕上げ摘粒

2回目のジベレリン処理前後におこないます。予備摘粒時に軸長を5～6㎝にそろえた場合、この時期には7～8㎝になっています。さらに房が伸びてしまった場合には再度軸長を7～8㎝に調整します。

調整は上部支梗を切り上げるか房尻を切り上げますが、上部の支梗は左右そろうようにします。果粒数は35～38粒を目安にします。内向きや下向きの

摘粒前（左）と摘粒後

果粒を切除し、小果梗が太くしっかりとした果粒を残します。

「シャインマスカット」は大房になると果房内での糖度の差が大きくなり、糖度も上昇しにくくなります。食味を重視した房をつくるためには、軸長と粒数は順守するようにしましょう。

なお、結実3年目までの若木では果粒肥大が劣る傾向があるので、密着した果房になるように果粒数はやや多めに残します。

図4－13　摘粒の例（種あり）

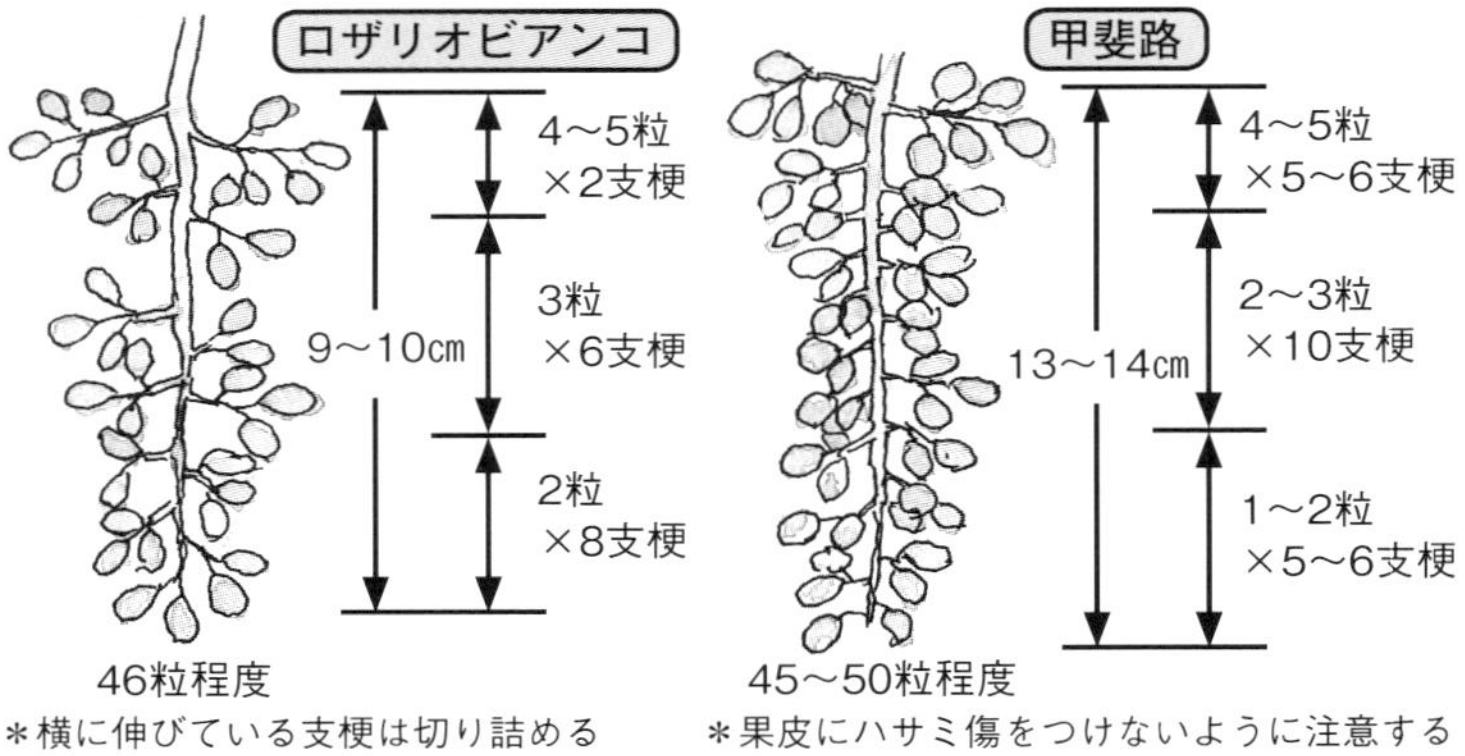

＊横に伸びている支梗は切り詰める

＊果皮にハサミ傷をつけないように注意する

「甲斐路」（種あり）の摘粒

摘粒の前に、種あり果と種なし果の判断ができるようになったら、まず、摘房をおこないます。花ぶるいして粗着な房や偏って着粒して型の悪い房、着粒が過多で摘粒に時間がかかる房を落とします。

果房重500gを目標とした場合、軸長を13～14cmに調整し、50～55粒が目安となります。なお、甲斐路系品種は縮果症が発生しやすいので一気に最終的な果粒数に摘粒せずに、1割程度多めに残し、ベレーゾン以降に見直し摘粒をおこない、目標粒数に仕上げます（**図4-13**）。

内向き果や種なし果、外に飛び出している果粒は摘粒し、果房の上部に多くの果粒を残すようにします。

摘粒時に縮果症が発生している果粒は基本的には摘粒しますが、粒数が不足する場合は軽微なものは残すようにします。

成熟して甘くなった果房（甲斐路）

裂果を摘粒バサミで切り落とす

「ロザリオビアンコ」（種あり）の摘粒

種なし果が多くつきやすいので、種あり果がはっきりと確認できしだい摘粒をおこないます。まず、軸長を9～10cmに調整します。上部支梗を切り下げるか房尻を切り上げますが、上部支梗の長いものや横に張り出している果粒は摘粒し円筒形の果房に仕上げます。果粒数は５００gを目標とした場合は39粒、６００gの場合は46粒が目安となります。

図４-13のように上部支梗は上向き果を中心に４～５粒、中段は３粒ずつ、下段はバランスよく２粒ずつ残します。

「マスカット・ベーリーA」（種あり）の摘粒

種なし果の着生が比較的少ないので、落花２週間後くらいには種あり果が判断できます。果粒重は６～７g程度なので、65～70粒を目安に摘粒すると４５０g程度の房に仕上がります。上部の長い支梗は切り詰めて円筒形の房に仕上げます。

「デラウェア」（種なし）の摘粒

房が伸びて大房になった場合は、２回目のジベレリン処理の前までに上部支梗を切り下げ房長10～11cmに調整します。一般に露地栽培の「デラウェア」においては摘粒はおこないません。しかし、過度に密着した場合は裂果防止のため、２回目のジベレリン処理後なるべく早い時期に、果房の縦方向に筋状に果粒を抜きます。

カサかけをしたブドウ園

カサかけ・袋かけの方法

摘粒が終了したら、すぐにカサかけ、または袋かけ作業をおこないます。ブドウの病気のほとんどは雨滴で感染するので、雨の多いわが国では、果粒を雨から守るためのカサかけや袋かけはどうしても必要となります。また、薬剤散布による果実の汚染防止、強い日ざしによる日焼けの予防など高品質な果実を生産するための必須作業となっています。

品種や果房の大きさによって、袋やカサのサイズや素材が異なりますので、品種にあったものを選びます。

カサかけのポイント

カサの材質はロウ引き紙、ポリエチレン、ポリエチレン＋ポリプロピレンなどがあり、大きさは「デラウェア」

などの小房に使用する15・5㎝四方、16・5㎝四方、大房用に21㎝四方や30㎝四方などのサイズがあります。これらのほか、日焼け防止のためのクラフト紙製のカサや果房の温度上昇を抑えるとされる不織布製のカサなどがあり、目的に応じて使い分けられています。

白袋

青袋

　果房の肩にカサが触れないように注意し、2か所をホッチキスで留めます。カサかけはできるだけ早い時期におこなったほうが病害感染のリスクが少なくなります。作業性の面からは摘粒後にかけるのが効率的ですが、摘粒作業が遅れるような場合は、先にカサをかけ降雨から守るようにします。

「巨峰」や「藤稔」のような散光着色性品種（直接果房に光が当たらなくても着色する品種）や黄緑色系品種には乳白色のカサが一般的ですが、黄緑色品種では果皮の黄化を抑えるため黄緑色のカサが使用されている事例もあります。

　一方、直接果房に光が当たらなければ着色しにくい赤系品種では透過性の高い透明のカサが使用されています。透明カサは早い時期からは使用せず、ベレーゾン以降の着色が始まった時期（除袋後）からの使用となります。

　この場合、果房に直射日光が当たり、日焼けや高温による着色遅延が心配されるような場所では、カサの上にクラフト紙や不織布製のカサをかけて直射を防ぐようにします。とくに透明傘の場合は直射には気をつける必要があります。

袋かけのポイント

　摘粒終了後から収穫まで、中生種や晩生種では2か月以上の期間があります。この間にはべと病やスリップス類などの防除のため複数回の薬剤散布をおこなわなければなりません。したがって、薬剤による汚染防止のため袋かけが必要になります。

　ちなみに、摘粒終了後から収穫までの期間が短い早生種や比較的房が小さい品種においては収穫までカサで管理する場合がほとんどです。

　袋の素材は耐湿性のある紙がほとん

どです。小さな孔があけられたポリエチレン製の透明袋も試作・販売されていますが、袋内が高温になりすぎ、着色障害や日焼けが起きやすくなるので実用性はありません。

紙製の袋の色は、白や緑、青、茶色など遮光率が異なる袋がいくつかあり市販されています。白色袋が広く普及していますが、「シャインマスカット」などの黄緑色の品種では、果皮色の黄化を抑制するため、緑色や青色の袋が使用されています。

白袋の上にカサをかける

透明のカサ

素材（紙）は薄いほうが袋がかけやすいので、大面積に袋をかける場合は薄い袋のほうが作業は効率的になります。袋の大きさは小房用の小さいものから大房用の特大サイズまで多くの種類があるので、品種に適合したものを選びます。

ホッチキスでカサを留める

摘粒が済んだ果房の果梗にしっかりと巻きつけます。このとき、果粒のこすれ防止のため果房の肩の部分に袋が触れないようにし、また、雨水やアザミウマ類の侵入を防ぐため、漏斗状にならないようにしっかりと巻きつけてください。

袋をかけた後、袋に直接陽光が当たるような場所では、袋の中の温度は非常に高くなります。このような場所の袋の中では、果粒が萎びたり日焼けを起こしたりしますので、直射日光が当たらないように新梢を袋の上に誘引し直して、日陰をつくるようにします。新梢で日陰がつくれないような場合、袋の上にクラフト紙や不織布製のカサをかけて日ざしを遮るようにします。

黄緑色や黒紫色の品種では、収穫まで袋をかけたままでよいのですが、赤色品種の多くは、光が果房に当たらないと着色しない特性があります。このため、収穫約2週間前には袋を取り去り、乳白か透明のカサにかけ替えるようにします。

果実成熟期の生育

果粒肥大第Ⅱ期から第Ⅲ期に入る時期をベレーゾンと呼びますが、この時期、果粒には急激な変化が生じます。セルロースやペクチン質などの分解が起き、果粒は軟化すると同時に、糖の蓄積が急激に増え、有機酸は減少し、着色品種ではアントシアニンの合成が始まります。

糖の蓄積や着色が進み成熟が近づくとマスカット香やフォクシー香など品種特有の芳香を呈してきます。

朝のうちに収穫する

ていねいに切り落とす

成熟期と収穫期

収穫期の目安は、試験場などの専門機関では甘味比（巨峰群品種では糖度／酸含量の値が25を超えた時期が収穫適期）で判断していますが、一般的には糖度と着色程度で決めています。気温が高い日中は果粒の水分が蒸散してやや柔らかめになりますので、みずみずしい果実を得るためには朝のうちに収穫しましょう。

ちなみに、ブドウは非クライマクテリック型果実といって、成熟に伴うエチレンの放出はきわめて少なく、エチレンを外から処理しても糖の増加や酸の減少などの成熟過程は進行しません。つまり、バナナやキウイフルーツのように追熟して収穫時よりも食味が向上することはありません。したがって、十分に味がのってからの収穫を心がけましょう。

この時期の留意点としては以下のことがあげられます。

成熟期の低日照や着果過多、新梢の徒長などは、果実への養分転流を少なくし品質を低下させてしまいますので、着果管理や新梢管理は重要となります。予想以上に果粒肥大が優れた場合には、結果的に着果過多となりますので、果粒肥大と着果量を勘案した見直し摘房が必要となります。

また、この時期には、新梢の伸びが

産地では収穫法などが決められている

糖度計で糖度をチェック

果房表面には手を触れない

止まっている状態が理想です。もしも新梢が伸び続けているような樹相では、来年に向けて施肥量や剪定量などを見直す必要があります。

収穫適期と食味

収穫時期の目安

収穫時期は糖度と酸含量を目安に判断します。簡易的な糖度計が市販されていますので、1台購入しておくと便利です。品種により糖度の高低はありますが、おおむね17度から18度くらいに達したら収穫ができるようになります。ただし、年によっては、糖度は十分にあっても酸含量が低下しない場合がありますので注意が必要です。

酸は気温が高いほど減少しますので、夜温が比較的低い早期加温栽培などの作型や冷夏の年では、着色が進んでも酸が減少しないので酸味が強くなりがちです。食味が十分と判断してから収穫します。また、巨峰群品種では種なし栽培にすると着色が先行しがちになります。収穫前には糖度を必ずチェックし食味重視の出荷を心がけてください。

糖度計がなかったら、一粒味見して収穫するようにしましょう。

このとき、ブドウの房のお尻の部位（下部）から一粒採取して味見するとまちがいありません。ブドウの房は肩（上部）のほうが下部よりも甘くなるのが早いので、お尻の部分を食べてみておいしければ房全体の果粒がおいしくなっているというわけです。

規格と出荷基準

流通や消費の多様化に伴い出荷の規格や容器なども多岐にわたっています。産地では品種ごとの収穫時期や選果上の注意点、箱詰め方法、等級や階級など厳しく定められています。出荷容器についても、パック詰め、1kg化粧箱、2kg箱、4kg箱、5kg段ボールなどがあります。

品質について定めた等級には秀、優、良があり、秀が房型や粒ぞろい、熟度、着色など最も秀でています。重量について定めた階級は品種により異なります。**表4・9**に山梨県の「種なし巨峰」の出荷規格を示しました。

表4－9　種なし巨峰の出荷規格

等級（品質の区分）

項目＼等級	秀	優	良
食味（熟度）	最も秀でたもの（糖度計示度17度以上でpH3.2以上のもの）	優れたもの（糖度計示度17度以上でpH3.2以上のもの）	よいもの（糖度計示度16度以上でpH3.0以上のもの）
着色	品種固有の色沢を有し、果梗周辺まで完全に紫黒色に着色しているもの	品種固有の色沢を有し、各粒の2／3以上が紫黒色に着色しているもの	秀、優に満たないもので商品性のあるもの
形状（房形）	よくまとまった形状を備えているもの（すき間のないもの）	まとまった形状を備えているもの（すき間の少ないもの）	秀、優に満たないもので商品性のあるもの
玉張り粒ぞろい	品種固有の玉張り、粒ぞろいが最も秀でたもの（1粒重の目安は、13g以上）	品種固有の玉張り、粒ぞろいが優れたもの（1粒重の目安は、11g以上）	秀、優に満たないもので商品性のあるもの
裂果	ないもの	ないもの	ないもの
サビ果スレ	ないもの	あまり目立たないもの（1粒中に5㎜以内のものが1房の20%以内）	優に次ぐもの（1粒中に10㎜以内のものが1房の30%以内）
果粉	よくのっているもの	やや劣るもの	劣るもの
汚れ	ないもの	目立たないもの	やや目立つもの
腐敗性病害（晩腐病等）	ないもの	ないもの	ないもの
スリップス	ないもの	果梗の被害が軽微なもの	果梗の被害が著しくないもの
その他の病害虫	ないもの	ないもの	少々あるもの

等級（重量）区分　（単位：g）

区分	3L	2L	L
1房重量（g）	500以上～650未満	400以上～500未満	350以上～400未満

注：①山梨県青果物標準出荷規格（平成19年）より
②スリップスは微小な害虫のアザミウマ類

このように各産地では出荷基準が作成されています。消費者においしいブドウを届けるために、また、産地の信用を低下させないためにも出荷基準は順守しましょう。

ブドウの食味

ブドウの食味は糖度だけクリアしていればよいというものではありません。ブドウの果粒には酒石酸《しゅせきさん》やリンゴ酸などの有機酸が含まれています。糖度が高くても酸含量が多いと酸っぱく感じます。一方、酸含量が低すぎても、コクがなく薄っぺらな食味となってしまいます。ブドウの食味には糖度と酸含量のバランスが大事となります。

気温が高い日が続くと、酸は徐々に減少していきますが、冷夏のような年では、減酸するのに時間がかかりますので、注意しなければなりません。

さらに、香りや食感も食味の重要な要素です。マスカット香やラブラスカ香が代表的な香りですが、しっかりと健全に育てたブドウは、品種固有の芳香を放ち、果肉の締まりもよい傾向にあります。食味のよいブドウを生産するには、土づくりをはじめとした上手な肥培管理が重要になります。

試験場などの研究機関では、果実品質の評価のため酸含量を測定しています。ブドウの果汁を搾り、中和滴定法により酒石酸に換算して算出します。**表4・10**に代表的な品種の収穫始めとなる糖度、酸含量、甘味比（糖度を酸含量で除した値）の目安を示しましたが、甘味比が「巨峰」や「ピオーネ」、「デラウエア」では25、「甲斐路」や「ロザリオビアンコ」など欧州系品種では30を超える時期が収穫期となります。

表4－10　主な品種の収穫始めとなる目安

品種	糖度（Brix）	酸含量（g／100mℓ）	甘味比
デラウェア	19.0以上	0.80以下	25以上
巨峰	17.5以上	0.80以下	25以上
ピオーネ	17.5以上	0.75以下	25以上
赤嶺・甲斐路	19.5以上	0.70以下	30以上
甲州	18.0以上	0.65以下	25以上

注：山梨県果樹試験場（1992年）より

収穫方法と出荷のポイント

収穫作業

収穫作業は、朝の果房温度が低い時期におこないます。日中の高温時の収穫は、日持ち性を悪くするので避けるようにしましょう。また、雨の日や果房が濡れているときの収穫についても、裂果や輸送中あるいは貯蔵中の病害の発生を助長させるので避けるようにします。

果粒表面のブルームは厚くのっているほどよいとされるので、収穫や選果にあたってはできるだけ落とさないように、果房に直接手を触れず、穂軸をしっかり持って扱うようにします。

なお、収穫時には平コンテナを用い、果房を積み重ねないように気をつけましょう。

平コンテナに入れて積む

出荷調整

収穫した果房は病害果や裂果、小粒果などがないか確認し、あれば摘粒ハサミなどで、ほかの果粒を傷つけないようにていねいに取り除きます。そして、出荷規格に基づいて選別、箱詰めします。このときもなるべく果房には直接手を触れないように注意します。

出荷前のピオーネ

鮮度保持と貯蔵

鮮度保持

宅配や店先販売をおこなう場合は鮮度保持にも気をつかわなければなりません。

ブドウの果粒には気孔がほとんどないので、収穫後の蒸散作用は果梗や穂軸で主におこなわれています。収穫したての新鮮な果房は穂軸がみずみずしい緑色をしていますが、時間がたつと水分が蒸散して穂軸は褐色に変化し、やがて果粒も萎びてきます。

室温で放置した場合、2～3日後には果梗が褐変し始め、4～5日後には穂軸まで褐変するようになります。果汁成分の変化については、酸含量がほんの少し減少しますが、糖度の増減はほとんどありません。

ブドウの鮮度の判断は穂軸褐変の程

産地の直売所の棚

度が目安となります。

品種と貯蔵性

一般に欧州種は米国種や欧米雑種に比べると貯蔵性は優れます。好条件下では、「甲州」や「甲斐路」などで2か月以上の長期貯蔵が可能です。「巨峰」などの大粒種、とくに種なしのものは脱粒や軸の褐変が生じやすいので、貯蔵期間は欧州種より短くなります。なお、貯蔵性の優劣は雨よけ栽培などの栽培様式の違いや生育期の天候によっても大きく左右されます。

鮮度保持の方法

貯蔵中に品質を低下させる要因は、軸の褐変、脱粒、貯蔵病害や裂果の発生などがあります。これらの変化を抑えるためには、果粒が凍結しない範囲でできるだけ低温で湿度が高い状態に保つ必要があります。

具体的には温度0～マイナス1℃、湿度95％で貯蔵しておくことが最も望ましいとされています。湿度が十分に確保できない場合には、コンテナをポリ袋などで密封し、穂軸からの蒸散を抑えるようにします。なお、蒸散を少なく抑えるため軸は短く切っておきます。温度が高くなると貯蔵病害が発生しやすくなるので、できるだけ低温に保つようにします。

先述しましたが、欧州種に比べ、とくに種なし栽培の巨峰群品種は脱粒しやすい傾向があります。脱粒は果房の形状にも左右され、果粒が密着しているように整えられた果房では脱粒は軽減されますが、すきまの多い粗着な果房では脱粒しやすくなるので注意が必要です。

搬入や取り扱いのさいには、なるべく振動を与えないようにし、ていねいに取り扱うようにします。また、ブルームを落とさないように、直接手に触れないよう薄手の手袋をして取り扱うか、穂軸を持って果房には直接触れずに取り扱います。

果房は大きいものでは、500gを超えるものもあります。大きい果房の場合、自重により接地面の果粒が圧迫されて裂果することもありますので、吸水マットなどのクッションを下に敷くとよいと思います。

養分蓄積・休眠期の生育

養分蓄積期の状態

収穫後も葉は光合成をおこなっており、枝や幹、根に貯蔵養分（炭水化物）を蓄えています。この蓄積された炭水化物が樹の耐寒性を高めるうえで大きな役割を果たしています。また、貯蔵養分は来年の生育や果実品質、生産量に大きく影響します。

このため、収穫後も、早期落葉させず健全な葉を保つような管理が重要となります。なお、健全な樹では気温の低下とともに葉は黄変し、いっせいに落葉します。

葉が黄変し、落葉

いつまでも伸びが止まらない枝（秋伸びしている枝）は、葉で合成される炭水化物が樹体内の貯蔵養分として蓄えられず、枝の伸びに使われてしまいます。また、秋伸びは根の発達にもよい影響は与えません。

肥沃な土壌で強い剪定をおこなうと、秋伸びしやすくなります。この時期、樹相をよく観察して、剪定方法や肥培管理が適正におこなわれたか振り返ってみましょう。

休眠期の状態

気温低下とともに樹は休眠期に入りますが、この時期は自発休眠という状態になり、低温に一定時間遭遇しないと、温度を与えても発芽はしてきません。もし小春日和を春と勘違いして発芽したとしたら、後の寒さで枯死してしまいます。

こうならないように休眠は、落葉果樹が長い年月をかけて身につけた身を守るための知恵ともいえます。

休眠期には元肥の施用や土壌改良、来年に向けての整枝剪定をおこないます。この時期は時間に比較的余裕がありますので、剪定などはじっくりと考えながらおこなうことができます。

また、越冬病害虫の防除のため、棚についた巻きひげの除去や果梗の切り残しの除去、粗皮削りなどの作業もおこないましょう。なお、寒い地域では、凍寒害防止のため樹幹へのワラ巻きなどの防寒対策もおこなっておきましょう。

第５章

土づくりと
施肥、灌水のコツ

高品質のブドウ生産は、土づくりが基本

土づくりの目的と土壌改善

土壌が硬く締まっていると、細根の発生が少なく、根の伸長が悪くなるため、土壌中に十分な養分があっても、養分が吸収されにくくなります。また、硬い土壌では裂果や縮果症の発生も多くなる傾向があります。

表5－1　堆肥等有機物質資材中の肥料成分

資材名	窒素（%）	リン酸（%）	カリ（%）
牛ふん堆肥	1.7	1.7	1.9
豚ぷん	4.0	7.5	2.1
鶏ふん	4.2	5.0	2.4
バーク堆肥	2.6	1.2	1.0
ナタネ粕	5.1	2.5	1.3
稲ワラ	0.8	0.4	1.9

（山梨県農作物施肥指導基準、山梨県果樹試験場分析データ）

このため、堆肥などの有機物の施用や深耕などにより土壌の物理性の改善をおこない、通気性、保水性、保肥力の向上に努めることが大切です。土づくりは、高品質なブドウを生産するためのまさに基盤です。

有機物の施用

有機物が土壌中に投入されると微生物が活発に働くようになります。その際、微生物が出す物質が土壌の粒子と粒子を結びつけ、団粒が形成されます。土壌の団粒化が進むと、団粒内外にすきまができるため保水性や通気性、排水性などの物理性が良好な状態になります（**図5・1**）。

有機物の施用量は、10a当たり1tを目安とします。ただし、堆肥の種類や自園の土壌条件により適宜調整します。有機物を施用した場合の配合肥料の施用量は、堆肥の窒素割合を考慮して調整し、園に投入する合計窒素量が過剰にならないようにします（**表5・1**）。

なお、未熟な堆肥を施用すると、紋《もん》羽《ぱ》病などの土壌病害の感染源になるおそれがあるほか、分解時に土中の窒素を消費し、窒素飢餓を引き起こす可能性もあるので、完熟した堆肥を施用しましょう。

有機物の種類

先述のように、有機物の施用は物理性の改善に効果的ですが、有機物の分解特性や含有成分を把握して利用することが重要です。

以下に果樹園で比較的多く利用されている堆肥について、特徴をあげておきます。

図5−1　土の構造

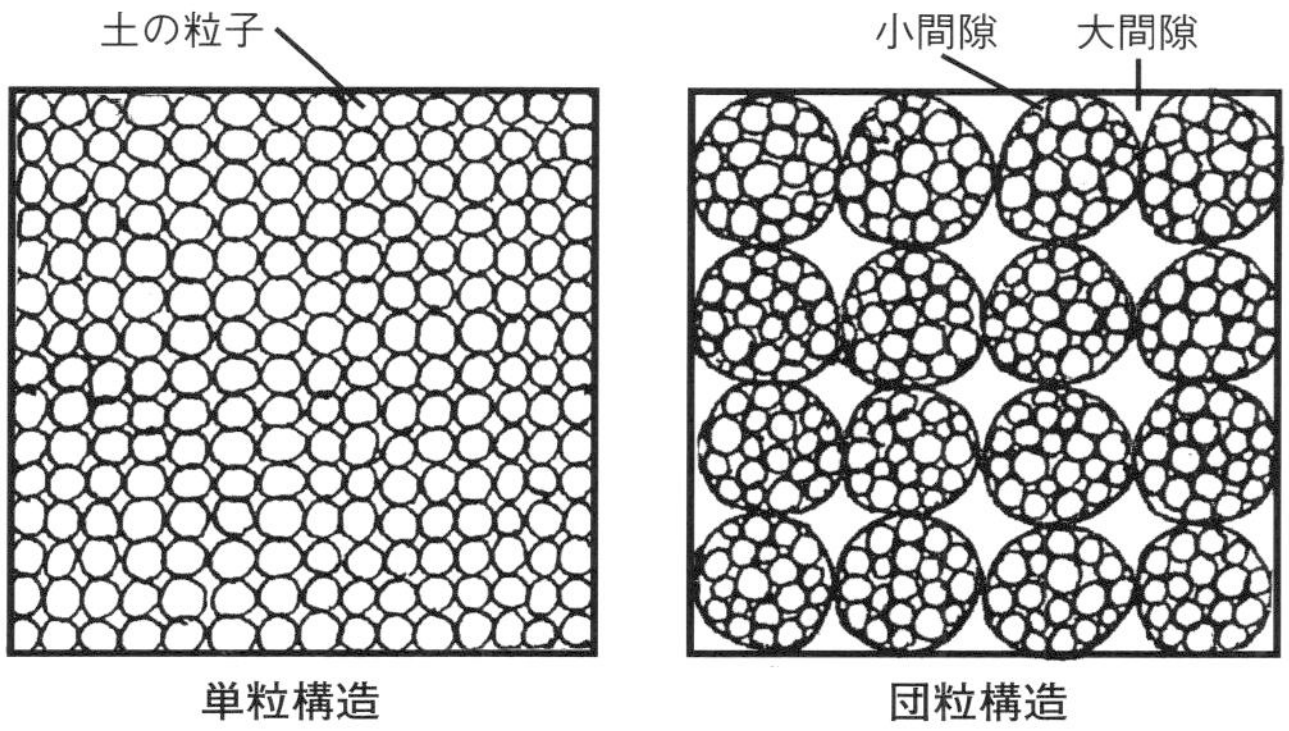

牛ふん堆肥

牛ふんにオガクズやワラ、モミガラなどを加えて堆肥化したものです。肥料としての効果は比較的穏やかで、物理性の改善の効果が高いといえます。カリを多く含むためカリが過剰になっている園では注意が必要となります。

鶏ふん堆肥

肥料成分が多く、牛ふん堆肥の3〜4倍、豚ぷん堆肥の1・5〜2倍を含有しています。このため、化学肥料と似た効果が得られます。

豚ぷん堆肥

豚ぷんにオガクズや稲ワラなどを加えて堆肥化したものです。肥料としての効果は牛ふん堆肥と鶏ふん堆肥の中間で、肥料効果と物理性改善効果が期待できます。

バーク堆肥

バーク堆肥

広葉樹や針葉樹の樹皮を長期間堆積発酵させたものです。添加物として鶏ふんや尿素が含まれているものもあります。土壌のすきまを増やすので、保水性や通気性など物理性改善効果が高く深耕時の土壌混和に適しています。

深耕の効果と方式

硬く締まった土壌の物理性を改善するためには、有機物の施用と合わせて深耕はとても効果的な手段です。ブドウの根域は比較的浅く、30〜40㎝程度の深さに根が集まっています。土壌の物理性を改善するためには、全面を深く耕すことが最も効果的ではありますが、これでは多くの根を切ってしまうため現実的ではありません。

そこで、**図5-2**のように部分的に深耕する、樹の周囲の数か所に穴を掘るタコツボ方式と、直線的に溝を掘る条溝《じょうこう》方式がありますが、成園では根の切断が比較的少ないタコツボ方式が適しています。

図5－2　有機物の深耕施用方法

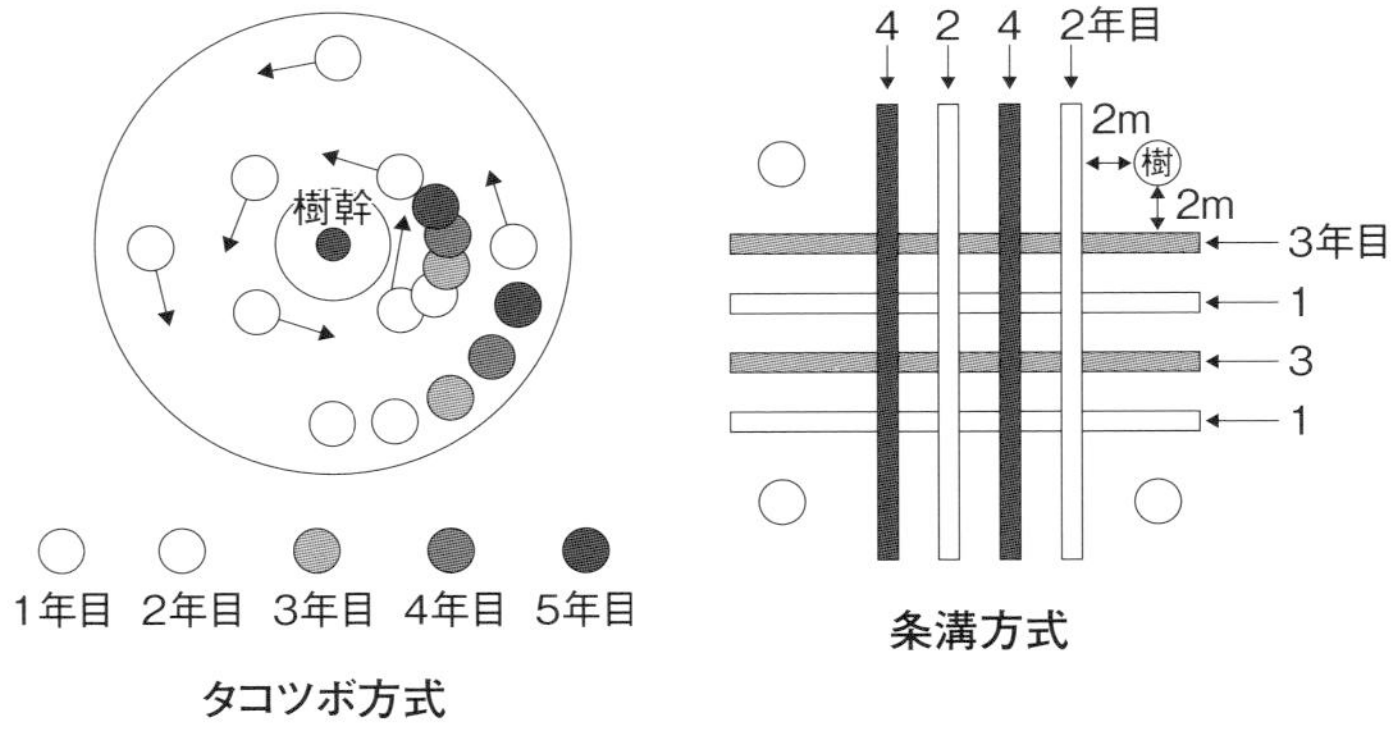

一方、粘土質土壌などの水はけの悪い園などでは、掘った穴に水がたまりやすいため、樹幹からやや離れた部分に溝を直線的に掘る条溝方式が適しています。

タコツボに堆肥を埋め戻す

重機によりタコツボ方式で穴を掘る

また、根群の少ない未成園でも条溝方式がよいでしょう。タコツボ、条溝のいずれの方式でも、深耕の深さは30cm程度を目安におこない、埋め戻すさいに堆肥を投入すると効果が高くなります。

実施のさいは、断根による樹勢低下を避けるため、5~6年かけて樹幹周辺を一巡するよう計画的におこないます。

なお、土壌が硬くなりすぎて深耕がおこないにくい場合は、バンダー（土の中に空気を打ち込む機械）やグロースガン（土の中に空気、肥料などを打ち込む機械）などを利用し、土壌中に空気を注入することも有効です。さらに、空気を注入するさい、土壌改良資材や肥料などを同時に投入するとより効果的となります。

施肥設計の基本と方法

施肥設計のポイント

肥料を適正に施すためには、まず園内の土壌の化学性（成分含量）と樹の状態を把握することが必要となります。樹の状態については、生育期に新梢の伸び、養分欠乏症の発生有無などにより確認します。

土壌の化学性は、土壌分析により把握することができます。土壌分析は農協や農業関係の公的機関でおこなわれていますので、ぜひとも実施して診断結果を施肥設計の参考としましょう。

健全に生育している園でも3年に1回くらいは実施し、欠乏症や過剰症を未然に防ぐようにしましょう。土壌の採取方法等は検査機関の指示に従ってください。

土壌分析では、一般的に石灰、苦土、リン酸、カリ、pH《ペーハー》（水素イオン濃度指数）の状況を調べることが可能です。次項に土壌pHと各成分のはたらきを示しますが、いずれの成分についても、適正な量がバランスよく土壌中に含まれていることが重要となります（**表5－2**）。

多く施用すればするほど収量が増すものではなく、過剰に投入してしまうと他成分の吸収阻害、過剰症など悪影響を及ぼすおそれが出てきます。分析結果をふまえて自園に合うよう調整し、施肥設計をおこないます。

なお、窒素については肥料三要素の一つであり、植物の生育を左右する重要な肥料成分ですが、一般的な土壌分析では窒素含量が把握できません。このため、生育期の新梢の伸び、葉の色、葉の大きさ、樹勢を思い起こし、施用量の調整をします。

表5－2　土壌診断基準（山梨県農作物施肥指導基準）

分類	土壌	pH	交換性塩基（mg ／ 100g）			可給態リン酸（mg ／ 100g）
			石灰	苦土	カリ	
欧州系	砂質土	6.5 ～ 7.5	120 ～ 350	20 ～ 40	15 ～ 30	20 ～ 60
	壌～埴壌土	6.5 ～ 7.5	250 ～ 500	30 ～ 60	25 ～ 50	20 ～ 60
	火山灰土	6.5 ～ 7.5	300 ～ 600	40 ～ 70	30 ～ 60	20 ～ 40
米国系 欧米雑種	砂質土	6.5 ～ 7.0	120 ～ 300	20 ～ 40	15 ～ 30	20 ～ 60
	壌～埴壌土	6.5 ～ 7.0	250 ～ 400	30 ～ 60	25 ～ 50	20 ～ 60
	火山灰土	6.5 ～ 7.0	300 ～ 500	40 ～ 70	30 ～ 60	20 ～ 40

土壌pH

土壌が酸性かアルカリ性かを示し、

土壌の状態を判断するのに不可欠な項目です。土壌の性質がどちらかに傾くと、微量要素の吸収などに影響し、生育障害の発生につながります。「デラウェア」や巨峰系4倍体品種では6・5～7・0、欧州系品種では6・5～7・5が適正範囲です。

土壌診断の結果、酸性に傾いている場合は石灰質資材を施用して矯正。pHが高い場合は石灰質資材の使用は控え、pHの上昇を抑えるようにします。

リン酸

開花結実や果実の成熟、枝の登熟などに関係しています。水に溶けにくく移動が少ないのが特徴です。また、鉄やアルミニウムに結合すると根からの吸収がされにくくなります。とくに火山灰土壌ではこの傾向が強いので注意が必要です。堆肥などの有機質資材にはリン酸が土壌に固定されるのを防ぐ効果がありますので、火山灰土壌では有機質資材を積極的に施用します。

なお、リン酸の過剰症は症状が現れにくいので、ついつい慣行どおりに施用してしまいますが、多く与えても効果は期待できませんので過剰にならないよう注意してください。

カリ

果粒肥大や着色などに影響します。カリが不足すると生育が抑制されて、果粒肥大不足や生育の遅延などが起こります。

一方、過剰になると石灰や苦土の吸収が抑制され、これらの成分の欠乏症を誘発しやすくなります。

近年、カリが過剰傾向の園が多く見られます。カリ過剰の原因は、カリを含む肥料が多いだけでなく、牛ふんなど家畜ふん堆肥や稲ワラなどから多量にカリが供給されるためであると考えられています。

施肥にあたっては肥料だけでなく、堆肥などの資材から供給される成分量を考慮して、過剰にならないように注意する必要があります。

石灰

収量や果実品質への影響のほか、土壌pHを上昇させる作用があります。欠乏すると生長点の生育が停止するため生育が抑制されます。過剰になると土壌pHが上昇し、ホウ素やマンガンなどの微量要素の吸収を妨げるため、欠乏症が発生しやすくなります。

このため、石灰質資材を施用するさいには、**表5－3**に示したよう

表5－3　土壌pH別の石灰質肥料と苦土肥料

土壌pH	5.5以下	5.5～6.0	6.0～6.5	6.5以上
石灰質肥料	生石灰 消石灰	苦土石灰	サンライム	エスカル
苦土肥料	高苦土石灰	苦土石灰 水酸化苦土		硫酸苦土

に、園の土壌pHに応じた資材を選択するようにします。

苦土（マグネシウム）

葉緑素の構成成分です。欠乏すると葉脈間の葉緑素が失われるため、葉が黄化してきます。現場では「縞葉」や「とら葉」などと呼ばれています。葉の葉緑素が減少するので光合成能が低下し糖度の低下につながります。

土壌分析で適正値以下の場合は、基準値に達するように硫酸苦土を施用します。基準値内であっても樹勢が強い樹では、基葉を中心にしばしば発生します。先端葉をつくる材料として基葉から苦土が移動しているためで、新梢先端を摘心することで軽減できます。

苦土石灰

施肥方法と施肥時期

基肥

基肥《もとごえ》では、樹体の生育や果実の肥大・成熟のための大部分の養分を供給します。ブドウの場合、ベレーゾン以降の新梢の遅伸びは果実品質を低下させるので、生育初期に高く後半は緩やかに低下するような窒素肥効が理想とされています。このため、生育初期に重点的に効く基肥中心の施肥体系が適しています（**表5-4**）。

養分流亡が著しい土壌ではないかぎり、年間で施用する肥料分のほとんどを基肥として施用します。生育初期の養分吸収に間に合うように肥料成分中の有機物の分解を進めるため、落葉後の10月下旬から11月に施用します。

表5－4　成木の年間施肥量

品　種	窒素	リン酸	カリ	苦土石灰
デラウェア	13	10	9	80
デラウェア（ハウス）	16	13	14	80
巨峰、ピオーネ	6	6	6	80
種なし巨峰、種なしピオーネ	8	6	6	80
巨峰、ピオーネ（ハウス）	8	10	9	80
甲斐路系	12	9	8	100
ロザリオビアンコ	12	9	8	100
甲州	12	9	8	100
醸造専用種（棚栽培）	6	5	5	100

（山梨県農作物施肥指導基準）　単位：kg/10a

追肥

ブドウでは生育に必要な養分のほとんどを基肥でまかないますが、生育中に新梢の伸びが悪く樹勢が低下している場合や葉色が薄くなった場合には応急措置として追肥《ついひ》が必要となります。

種あり栽培をおこなう場合の巨峰群品種など、開花期の新梢の徒長により結実確保が心配される場合には基肥の窒素量を6~7割に減らして、結実確認後に残りの窒素を速効性肥料で追肥するような施肥設計もあります。しかし、種なし栽培や欧州系の種あり栽培の場合には基肥中心の施肥とし、追肥の必要性は少ないと思います。

いずれにしても、生育期間中の窒素の追肥は、新梢の徒長をもたらす場合が多いので施肥量には十分注意する必要があります。

礼肥

礼肥《れいごえ》も必ずおこなわなければならない施肥ではなく、地力が低く樹の疲労が大きい場合などに施用し、葉を回復させ貯蔵養分の蓄積を助けます。ただし、旺盛に伸びている樹では遅伸びを助長し、貯蔵養分の浪費につながるので施用しません。また、収穫後から基肥の施肥まで期間が短い晩生の欧州系品種などでは、基本的には礼肥は施用しません。

施用する場合は、秋根が伸びる時期に速効性の窒素を中心に年間施肥量の2割程度を施肥。「デラウェア」などの早生品種や巨峰群品種などでは、9月上旬から中旬頃に施用しています。

葉面散布

葉面散布は即効的な養分補給を目的に、肥料溶液を葉面に散布する施肥方法です。根からの吸収とは異なり、迅速な肥料効果を求める場合に適しています。ちなみに葉に付着した養分の半量が吸収される時間は、窒素（尿素）で1~24時間、マンガンやカリで1~4日、リン酸で1~2週間とされています。

肩かけ噴霧器で液肥を散布

このように、比較的吸収が早く、また微量であることから、マンガンやホウ素などの養分欠乏症が発生した場合や一時的に生育が遅れた状況で樹勢を回復させる場合などに適しています。

施肥範囲

肥料養分は根から吸収されるので、吸収効率を高めるためには根の多く分布するところに施肥します。地下部は目には見えませんが、枝のある樹冠下には根も存在するといわれていますので、樹冠下の土壌表面に施用します。

施肥後は、管理機などで表土と軽く混和します。ただし、棚が埋まっていない若木の園で全面施肥をおこなうと、根が分布していない部分から吸収されず流亡する場合が多くむだになってしまいます。このため、若木では主幹周囲を中心に施肥をおこないます。

土壌の主な種類と特徴

これまで、土づくりの重要性や施肥について述べてきましたが、施肥にあたっては、樹勢はもちろん、土壌の種類や特徴も総合的に考慮して判断することが重要です。以下に代表的な土壌の種類を示しますので、自園の施肥のさいの参考にしていただきたいと思います。なお、自園の土壌の分類は国土交通省のホームページなどで調べることもできます。

砂質土壌

河川より運ばれた土砂などが元となりつくられた土壌で、河川周辺部に多く分布しています。土壌の粒子は粗く粘土含有量は少ないため、透水性や通気性は高く、土壌物理性は良好です。一方、土壌に養分を保っておく力が弱いため、養分が流亡しやすい特徴があります。また、過湿過乾の影響を受けやすく、地下水位の高い園では滞水による根痛みも起こりやすくなります。

施肥にあたっては、すべての肥料分を基肥として施用するのではなく、何回かに分けて施用するとよいでしょう。また、徐々に効果が現れてくる被覆尿素などの緩効性肥料の施用を検討してもよいでしょう。

樹勢はやや弱めになり、果粒は小さめで早熟になる傾向があります。地力向上と根張りを良好にするため、有機物施用を中心とした土づくりを励行するようにします。

粘土質土壌

粘土含量が多く保肥力が高いため、肥沃な土壌です。物理性は固相率が高く孔隙が少ないため、透水性や保水性が小さいのが特徴です。下層が緻密で有効土層が浅い傾向にあるため、湿害や干害を受けやすくなります。糖度が高い果実が生産できますが、土壌が硬くなると根の伸長が少なくなり、裂果や縮果症の発生が多くなる傾向があります。

このため、計画的な深耕をおこない、有効土層を深くする必要があります。併せて、有機物資材を施用することで土壌物理性の改善をおこなう必要があります。

火山灰土壌

火山灰の堆積によりつくられた土壌です。土壌粒子が細かく、腐植を多く含むため、褐色から黒色をしています。気相と液相の割合が多く、通気性や排水性は良好です。土は軟らかく、

表5－5　日本の耕地土壌の土壌群名、分布地や面積

土壌群名	分布する地形	面積（× 100ha） 水田	普通畑	樹園地
岩屑土	山地、丘陵地斜面	なし	80	73
砂丘未熟土	砂丘地	なし	219	19
黒ボク土	火山山腹緩斜面、火山山麓、台地	173	9113	751
多湿黒ボク土	沖積低地、谷底地、丘陵内部のくぼ地	2786	964	24
黒ボクグライ土	谷底地	434	16	なし
褐色森林土	山麓、丘陵地の斜面、台地、波状地	54	2602	1461
灰色台地土	台地	792	403	68
グライ台地土	山地、丘陵地、台地上および斜面	395	32	なし
赤色土	台地、丘陵地	4	183	169
黄色土	台地、丘陵地	1481	1024	770
暗赤色土	台地、丘陵地、段丘	0.2	94	57
褐色低地土	同上、やや比標高低く、より平坦	10612	652	112
グライ土	沖積平野、谷底地	8824	192	19
黒泥土	沖積平野、海岸後背湿地、山麓・山間のくぼ地	737	17	なし
泥炭土	同上	1131	277	1.3
未同定		なし	13	0.7
計		28875	17877	3816

注：川口、1977（原出典）より

土層が厚いため、根は十分に伸長します。腐植を多く含んでいるので、養分の保持能力は高いといえます。

一方、リン酸の土壌への吸収力も高いため、施用したリン酸の多くが土壌に吸着され、植物に吸収されにくくなります。また、土壌窒素分が多く夏に窒素が放出されやすくなるので新梢は徒長ぎみになり、糖度は低下しやすくなります。

適度な樹勢を維持するため、窒素の施用量は加減するようにします。なお、樹勢が強すぎるような園では草生栽培を検討してもよいでしょう。

参考までに、耕地における土壌群名と分布する地形、面積などを**表5・5**で示します。ブドウを含む樹園地の土壌環境の一端がわかります。

灌水(水やり)の時期と方法

乾燥地帯が原産であるブドウは比較的乾燥には強く、地植え栽培では神経質になる必要はありません。

実際、モモやナシ、カキなどでは干害により果実肥大が劣り減収になることがありますが、ブドウでの減収例はほとんど見られることはありません。むしろ、乾燥した年には病害の発生が少なく、また、糖度も高くなり果実品質は優良であることが多いのです。

生育ステージと水管理

日本では年間を通じて自然の降雨があります。しかし、定期的に適量が降るわけではなく、降水量とブドウ樹の吸水量や葉からの蒸散量とはかならずしも一致はしません。たとえば関東甲信越地方では、発芽前の3月、梅雨入り前の4～5月、梅雨明け後の7～8月は降水量が比較的少なく水分不足になりやすい時期といえます。

とくに梅雨明け後は急激に高温となり、葉からの蒸散に給水が間に合わず果粒や葉に被害がしばしば見られます。このようなことから、生育ステージとそのときの気象条件に合わせた水分管理が必要になります(**表5-6**)。

以下に灌水(水やり)の方法と生育ステージ別の灌水のポイントについて示します。

灌水方法

スプリンクラーによる灌水

経済栽培をおこなっている平坦地のブドウ園の多くは畑地灌漑事業などに

表5－6　生育ステージ別灌水の目安

生育ステージ	灌水量（㎜）	灌水間隔	注意事項
樹液流動開始前	25～30	乾燥時	晴天時の午前中におこなう
発芽期～開花前	25～30	7日	乾燥すると落蕾を助長するので注意する
ジベレリン処理時期	散水程度		湿度を保つ程度に散水する
落花期～果粒肥大第Ⅰ期	20～30	5日	梅雨明け後の高温乾燥に注意する
ベレーゾン～収穫期	10～15	5～7日	収穫直前はやや控えめにする
収穫後	15	10日	土壌に凍結層ができる前に十分灌水しておく

注：『葡萄の郷から』（山梨県果樹園芸会）より抜粋して加工

より、整備された定置式のスプリンクラー方式で灌水をおこなっています。

スプリンクラーによる散水は加圧ポンプや落差圧を利用する方法でおこないます。降雨に近い形であるため園地を均一に灌水することができます。

山梨県の笛吹川沿岸地区を例にすると、スプリンクラーの水圧は2・5～3・2kg／㎠で、全円フル散水形状では16ℓ／分の水を直径16～20mの範囲に、半円パート散水形式ではその半分の8ℓ／分の水を7～9mの範囲に散水します。

乾燥で果粒がしぼむ

スプリンクラーの設置数は10a当たり7基が目安で、1基当たりの散水面積は144㎡となります。1時間当たりの散水量は降水量に換算すると5～6㎜になります。スプリンクラーの水圧や設置基数はそれぞれの地域で異なると思いますので、自園に設置されているスプリンクラーの散水量を計算して、散水時間を決めるようにします。

草生栽培では、草が絡まらないように、スプリンクラーの周囲はこまめに除草します。

また、スプリンクラーの水が房や新梢、葉に当たると痛んだり病害の発生を助長することがありますので、散水角度を調節し直接水が当たらないように注意してください。

ポンプによる灌水

園の近くの水路などの水源から灌水ポンプを利用して灌水をおこなう場合は、散水ホースをこまめに移動させて、園全体に均一に灌水します。

水源がない場合

スプリンクラー設備や近所に水源がない場合はスピードスプレーヤーやタンクなどを利用して水を運び樹幹周囲に畦をつくって灌水します。ただし、頻繁な灌水が困難であるので敷きワラや刈り草などによるマルチをおこない、土壌表面からの蒸散を最小限に抑える工夫も必要です。

生育ステージ別の灌水

樹液流動期

春先、地温の上昇とともにブドウの

樹は水揚げを開始し、樹体に水分が満たされると発芽を迎えます。この時期の水不足は発芽の不ぞろいや遅れの原因となり、その後の生育に悪影響を与えます。

春先、乾燥が続くような場合は25～30㎜を目安に灌水をおこないます。なお、晴れた日の灌水は地温の上昇にも効果がありますので、暖かい日の午前中におこなうようにします。

乾燥ぎみの樹園

発芽期から開花期

発芽期以降、降雨が少ない場合は１週間に１回程度、株元にたっぷり灌水し、新梢の生育を促します。また、開花前に極端に乾燥すると、花ぶるいを起こしますので、地面を乾かさないように注意してください。

種なし栽培では、ジベレリン処理時に乾燥していると処理効果が低下します。処理の前後に乾燥している場合には、夕方に散水程度の灌水をおこなうようにします。とくに「デラウェア」では、処理後に乾燥状態にあると十分な効果が得られません。

スプリンクラーで散水

具体的には処理後、72時間以内に、相対湿度80％以上を８時間以上保つ必要があります。処理前後に乾燥が予想される場合には散水をおこない、湿度を確保します。なお、一度に大量の灌水をおこなうと新梢の伸びが盛んになり花ぶるいを起こすおそれがありますので、多くなりすぎないよう注意しましょう。

果粒肥大期（第Ⅰ期）

開花後約１か月間は、果粒肥大第Ⅰ期にあたり細胞分裂が盛んで日に日に果粒が肥大し最も水を必要とする時期といえます。この時期の乾燥は将来的に果粒肥大に影響を与えます。

この時期は日本では梅雨時期と重な

りますので、土壌が乾燥することは少ないと思いますが、カラ梅雨で降雨が少ない場合は蒸散量が増えるため水分が不足することもあります。

結実確認後、土壌が乾燥している場合は果粒肥大促進のため十分に灌水をおこなう必要があります。具体的には、5日に1回程度、20〜30㎜の灌水をおこないます。

ベレーゾンから収穫期

梅雨明け後は、気温が上昇し、土壌表面や葉からの蒸散が盛んになり乾燥しやすくなります。乾燥状態が続き、根からの給水が間に合わなくなると、果粒から水分が奪われ萎びたり、葉の縁が焼けたりする日焼け被害が起こります。一方、曇雨天で湿度の高い状態が続いた場合、一気に大量に灌水すると裂果を引き起こすことがあります。このため、土壌を過度に乾かさないよう、こまめな灌水を心がけます。

なお、ベレーゾン以降に過剰に灌水をおこなっても果粒肥大の効果は少なく、むしろ新梢の遅伸びを助長するなどのデメリットがあります。極端な乾燥にならない程度の「やや乾燥ぎみ」に管理するとよいでしょう。

日焼け被害

裂果（ピオーネ）

収穫後

収穫後の灌水はあまり気にする必要はありませんが、乾燥が続く場合は10日に1回くらいの灌水は、礼肥の効果を高めるためにも必要です。

落葉後、厳寒期前（寒い地域では凍結層ができる前）にたっぷりと灌水をおこないます。また、土壌の乾燥を防ぐため、主幹のまわり2〜3mに10㎝程度の厚さで稲ワラを敷き詰めておきます。

なお、春先まで稲ワラを敷いたままにしておくと、地温の上昇を妨げ、発芽が遅れることがありますので、暖かくなる前に稲ワラを取り除くようにしましょう。

第６章

整枝剪定の基本と繁殖方法

平行整枝短梢剪定

整枝剪定の目的と整枝法

整枝剪定の目的

放任しておいても自然に樹姿が整っていく樹木と違い、ブドウを含めた落葉果樹では、品質のよい果物の生産のために整枝剪定は必ずおこなわなければなりません。

ちなみに「整枝」とは枝の誘引や樹形を整えることをいい、目的に応じて枝を切ることを「剪定」といいます。

剪定後の状態（ピオーネ）

整枝剪定の目的は、樹の勢いや特性を考慮しながら、品質のよい果物を毎年安定して収穫できるようにすることです。バランスよく枝を配置してスペースを有効に活用するとともに、陽光を最大限に利用できるようにし、また、管理作業がしやすいように樹形を整えます。

新規就農者や経験の少ない農家の方からは、「ブドウの栽培管理作業の中では剪定が最もむずかしい」とよくいわれます。とくに長梢剪定樹はむずかしいと思う方が多いようです。

これは、結果母枝を一律に何芽、何cm残して切るといったやり方ができず、樹勢に応じた切り方が必要となるからです。品種の特性をふまえたうえで、樹の生育状況に応じて適切な剪定をおこなうには、個人の技能によるところが非常に大きい作業といえます。

整枝法の種類

ブドウは世界じゅうで栽培されており、その土地の気候や果実の利用目的などによって仕立て方はいろいろです。代表的な仕立て方は、前に述べたとおり垣根仕立て、棚仕立ての二つに分けられます。さらに、枝の配置によって、平行整枝や自然形整枝などの整枝方法に分けられ、さらに剪定の仕方によって、長梢剪定や短梢剪定などに分けられます。

垣根仕立て

垣根仕立ては、先にも述べたようにフランスやイタリア、アメリカなど世界的なワイン産地では普通におこなわれている仕立て方です。これらの地域では、降水量は年間５００㎜程度と日本に比べはるかに少なく、土壌中の養分も少ないため、樹冠を広げなくても枝が徒長せずに糖度の高いブドウが生産されています。

棚仕立て

棚仕立ては、イタリアや中国などでもおこなわれていますが、日本のように棚で土地全面を覆う方法は少ないようです。日本の棚仕立ては、明治初期、欧米からブドウが導入された当時に、温暖で多湿な日本に適する仕立て方として先人たちが苦心して開発したものです。現在でも、収量や果実の品質、樹勢コントロールのしやすさなどの面から見て棚仕立てが最も適していると考えられており、多くのブドウ栽培者が取り入れています。

日本国内における棚仕立ての代表的な整枝剪定法は、自然形長梢剪定と平行整枝短梢剪定の二つに大別されていますが、この両方法については後ほど詳しく紹介します。

短梢剪定仕立ての特徴と方法

短梢剪定栽培の来歴

先にも述べましたが、現在、生食用ブドウの仕立て方は、主枝を直線状に配置し、結果母枝を一律に1芽で剪定する平行整枝短梢剪定仕立てと、主枝や亜主枝を自由に配置し結果母枝を長めに剪定する長梢剪定仕立ての二つに大別されます。

山梨県や長野県などの東日本の産地では歴史的な背景から長梢剪定で仕立てている産地が多いのですが、平行整枝短梢剪定は岡山県を中心に西日本の産地で広く採用されています。なぜこのような異なる整枝法が別々に発展し普及していったのでしょうか。

現在の短梢剪定仕立ての原型は明治初期にさかのぼります。新政府は農業の近代化に対応して、園芸種苗を海外から積極的に導入しました。ブドウもフランスやアメリカから多数の品種が導入され、試験地を設け試作や育苗をおこない各地に配布し栽培が奨励されました。多くの品種と同時に栽培技術も導入され、当時ブドウは株仕立て、または英国宮廷園芸を模した1坪1本植えの単幹コルドン整枝で栽培されていたようです。

昭和10年代、岡山県の「マスカット・オブ・アレキサンドリア」のガラス温室栽培において、徒長し欠点の多かった単幹コルドン仕立てから、主枝間隔を広げたパルメット整枝へと改良がなされました（大崎守氏、入江静加氏ら）。これが複数主枝の短梢剪定仕立ての最初となったものと考えられています。やがて、H型やWH型整枝に発展し、「キャンベルアーリー」や「マスカット・ベーリーA」などに採用され西日本に普及していきました。

同じ頃、山梨県果樹分場において、従来おこなわれていた長梢剪定に代わり初心者にも容易にできる仕立てとして、大崎式整枝とほとんど同じ形式の平行整枝短梢剪定が考案されていました（太田敏輝）。

しかし、その当時の山梨県内には普及するに至りませんでした。理由ははっきりしませんが、当時の主力であった甲州種や、ほかの種あり品種に適さなかったこと、土屋長男氏が考案した「X字型長梢剪定法」に多くのブドウ栽培者が共感し実践したことなどが考えられます。

平成に入り、担い手不足や高齢化など労力不足が背景となり、東日本の主要産地である山梨県でも省力栽培技術の開発に取り組むことになりました。

このときには、ジベレリンによる種なし化技術が確立され、結実確保が容易になったこともあり、強剪定である短梢剪定仕立てへの不安材料は少なくなっていました。

試作の結果、省力化をはかりながら果実品質や収量が長梢剪定と同等以上に確保されることが明らかとなり、現在、長梢剪定が主流であった山梨県など東日本においても、短梢剪定栽培が再評価され、これに取り組む生産者も増えてきています。

短梢剪定の長所と短所

短梢剪定栽培の長所はつぎのようなことがあげられます。

- 整枝剪定が単純であり、長梢剪定のように熟練した技能を必要としません。
- 新梢の誘引方向が同一であり、また、果房位置が整然としているので、摘心やカサかけ、袋かけなどの作業の進行が効率的になります。
- 生育ステージや新梢勢力がそろいやすいので、ジベレリン処理などの作業もいっせいにおこないやすく、果実品質も均一になります。
- 新梢勢力が強くなるので種なし栽培に適しています。
- 主枝長当たり何房といった目安がたてやすく、収量調節が容易です。
- 簡易雨よけ施設の設置が容易であり、べと病や晩腐病の発生が抑えられます。

一方、短所としてはつぎのようなことが考えられます。

- 剪定量が加減できないので、樹勢が低下したとき回復させることがむずかしくなります。
- 品種により花穂が着生しなかったり、小型化することがありますので、すべての品種には適用できません。
- 芽座を確保するため、主枝延長枝にはすべてに芽キズ処理をおこなう必要があります。

・長梢剪定に比べて1年枝内の貯蔵養分が少ないので、初期生育が遅れます。

・強い新梢が発生するため摘心作業が必須となります。

導入のメリット、デメリット

上記以外にも長所、短所はいくつかあると思いますが、この仕立ての導入の利点は、端的にいえば「果実品質を保ちながら管理作業の単純化・省力化がはかられる」ことです。

平行整枝短梢剪定仕立て

経験の浅い栽培者でも、品質の高い果房が生産できます。また、管理作業が全般に単純化されているので雇用も導入しやすくなります。今後、産地維持や規模拡大などに向け、雇用労働力を積極的に活用することを考えれば、作業の単純化は重要な要素となります。

一方、導入のデメリットですが、短梢剪定栽培の導入が、経営にとってマイナスになるようなことはないと思われます。もちろん、導入にあたっては計画的な植栽や、品種選択、樹勢維持など栽培上の留意点などはいくつかあります。

短梢剪定で成熟した果実

しかし、このような留意点をふまえたうえで導入すれば、平行整枝短梢剪定栽培による恩恵を十分に享受できるはずです。

短梢剪定の型

整枝方法は基本的には片側4本主枝のWH型、片側2本のH型、一文字型、オールバック型などがあります（**図6-1**）。

一般的な平坦地の場合、H型を基本樹形にします。

WH型は、H型では樹勢が落ち着かない肥沃な土壌の園で用います。

また、一文字型は樹勢調節がむずかしいので、Hで植栽したときの余剰部か間伐樹として利用します。

主枝長は品種や土壌条件などによっ

て異なりますが、H、WH型では片側6～8m程度が適当です。主枝長を長くした場合には基部と先端部に生育差が生じ、管理作業や果実品質に悪影響します。樹勢が落ち着かないような場合は、主枝を長くするより主枝数を増やすようにします。

WH型で片側主枝長を7mとすれば、樹冠占有面積は約120㎡となります。したがって、10a当たりの栽植本数は8本となります。H型では倍の16本となります。

植えつけ3～4年目には骨格形成がされるので、できれば間伐は考えずに最終位置に植えつけましょう。しか

図6－1　短梢剪定樹仕立ての例

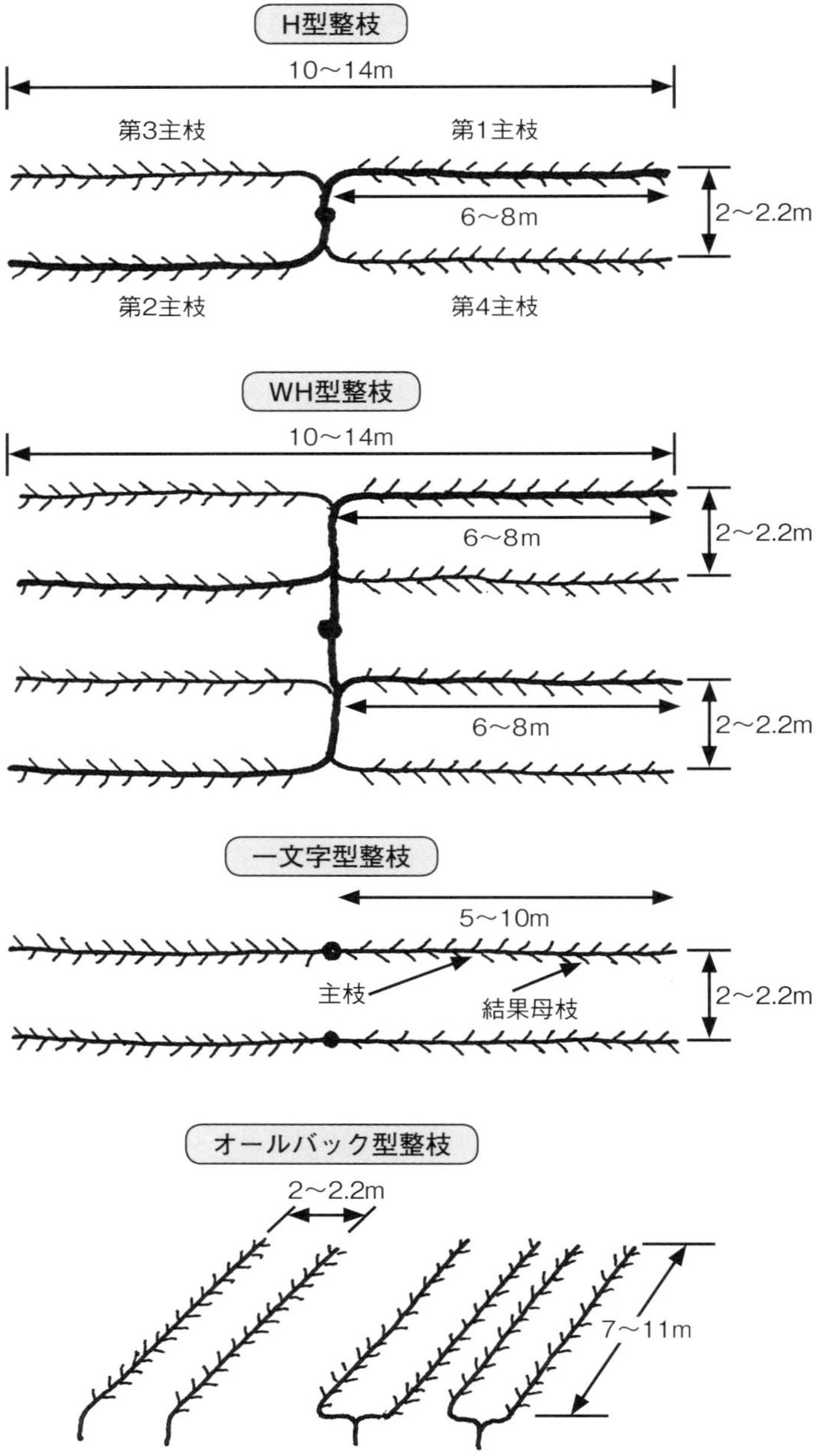

注：原出典『葡萄栽培法』太田敏輝著（朝倉書店）などをもとに加工作成

し、成園までにはさらに年数を要するので、一文字型を間伐樹として利用する場合もあります。

主枝を杭通し線に沿わせるため、植えつけ位置は支柱と支柱の中間部になります。長梢剪定樹のように枝を振って棚面を自由に利用することができないため、植えつけ時には棚面を図面に落とし、計画的におこなうようにしましょう。

一文字型整枝の特徴

最もシンプルな整枝方法で主枝（主枝長5～10ｍ）育成が容易です。また、初期収量が比較的高く、早めの成園化ができます。樹冠面積が小さく、やせ地向きともいえましょう。

一方、苗木の本数が多く必要。肥伏地では樹勢が強くなりすぎ、新梢管理が煩雑になりがちです。また、主枝長が長すぎると新梢生育が一定化しないことがあります。

短梢剪定樹の果実

H型整枝の年次別対処

ここではH型整枝について仕立てるにあたり、年次をおって具体的に説明します（図6‐2）。

1年目

新梢は棚下30～50㎝の部位から発生している副梢を長梢剪定でいうところの第二主枝とします。または、新梢が棚面まで伸びた頃に棚下30㎝程度で摘心し、先端から発生した副梢を第1主枝、2番目の芽から発生した副梢を第2主枝とします。

新梢はまっすぐに誘引しますが、7月下旬以降も伸び続けている場合には先端を摘心して枝の充実を図ります。この年の冬季剪定では棚上1ｍ程度残して剪定します。

2年目

第1主枝側の先端から発生した新梢は緩やかに曲げて、杭通し線に誘引します（第1主枝）。先端から2番目の芽から発生した新梢は先端新梢と反対側に緩やかに曲げて杭通し線に誘引します（第3主枝）。このとき、杭通し線に誘引した新梢が将来の第1、第3主枝となりますので、この新梢の生育を妨げるような強い新梢は欠き取るか摘心して主枝新梢の生育を促します。

第2主枝側も先端新梢は緩やかに曲げて杭通し線に誘引しますが、第1主枝側の先端新梢と反対の方向に誘引し

図6－2　H型整枝の剪定（4本主枝）

1年目　剪定後

〈1年芽〉
- 棚下30～50㎝の部位から発生している副梢を第二主枝する
- 新梢、副梢とも棚上1m程度残して剪定する

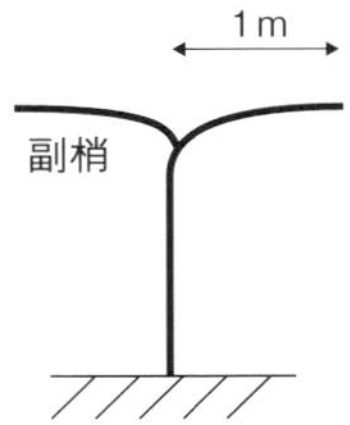

2年目　剪定後

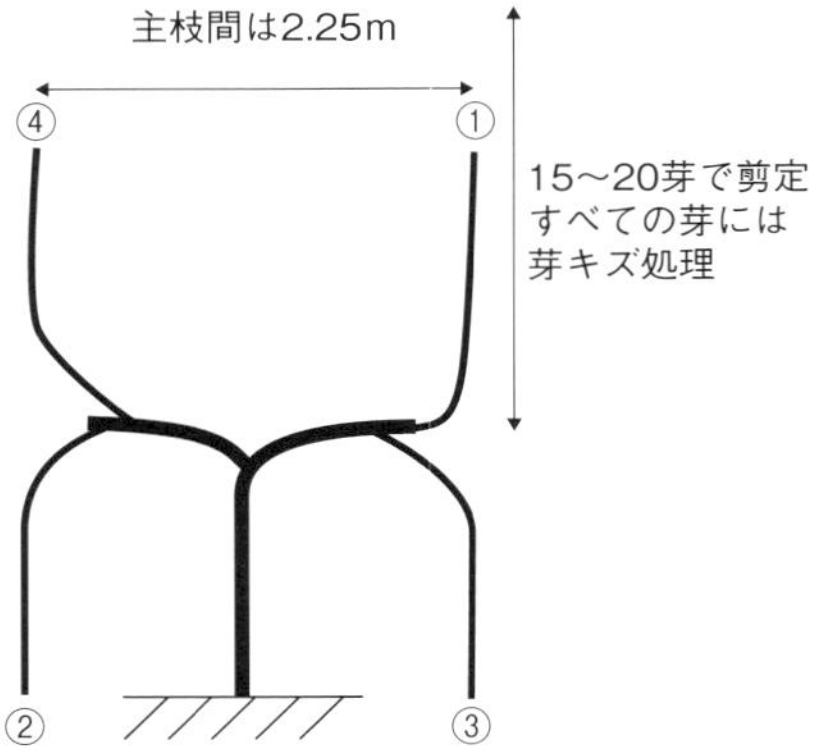

〈2年芽〉
- 第1主枝側の先端から発生した新梢はゆるやかに曲げて杭通し線に誘引する→①
- 先端から2番目の芽から発生した新梢は、先端新梢と反対側に緩やかに曲げて杭通し線に誘引する→③
- 第2主枝側も先端新梢は、第1主枝側の先端新梢と反対の方向に誘引する→②
- 第2主枝側の2番目の芽から発生した新梢も先端新梢とは反対方向に緩やかに曲げて杭通し線に誘引する→④
- 主枝延長枝は15～20芽を残して剪定する
- 主枝延長枝には、すべての芽に芽キズ処理をおこなう

3年目　剪定後

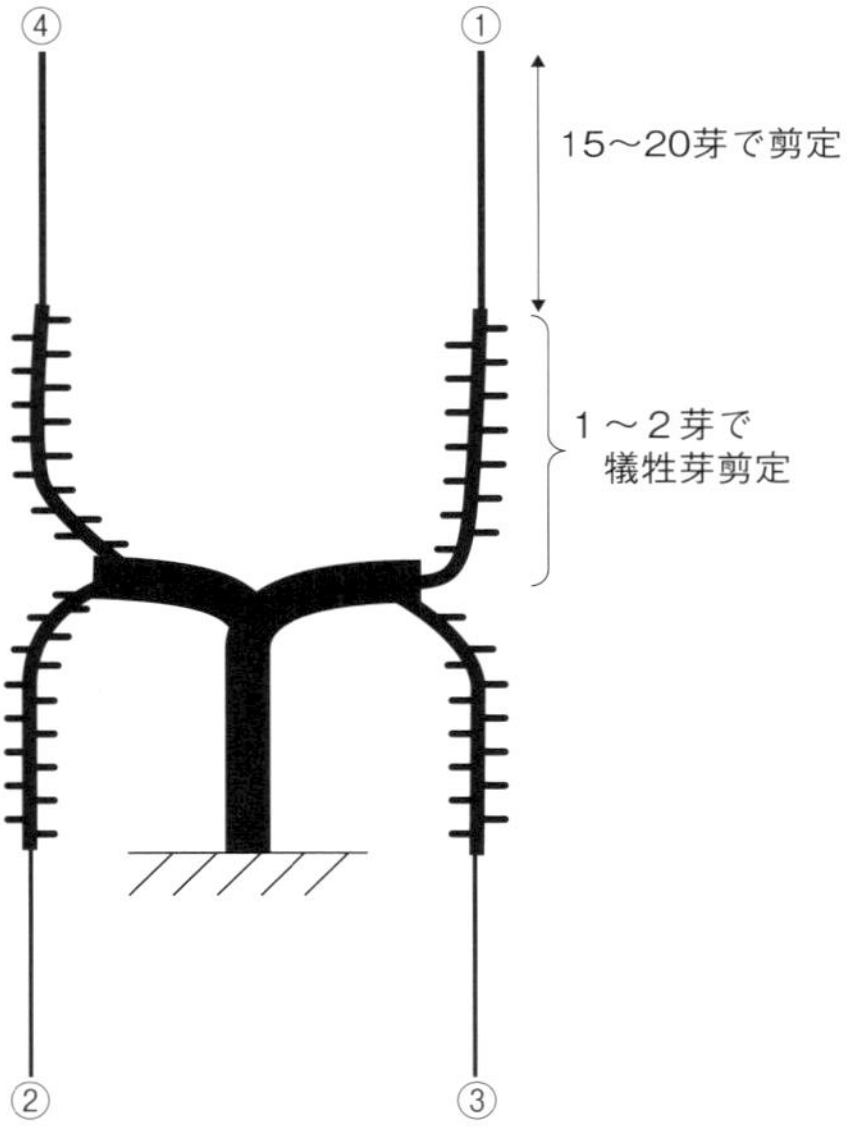

〈2年芽〉
- それぞれの主枝先端の新梢は、まっすぐに杭通し線に沿って誘引する
- 冬季剪定は2年目と同様に15～20芽を残して剪定する
- 主枝延長枝以外の枝は、1～2芽残し犠牲芽剪定し芽座とする
- 2年目同様に延長枝には、すべての芽に芽キズ処理をおこなう

〈4年目以降〉
- それぞれの主枝先端の新梢は、まっすぐに杭通し線に沿って誘引する
- 冬季剪定は3年目と同様に15～20芽を残して剪定する
- 主枝長を片側8m程度まで延長させると樹形が完成する

ます（第2主枝）。第2主枝側の2番目の芽から発生した新梢も先端新梢とは反対方向に緩やかに曲げて杭通し線に誘引します（第4主枝）。

新梢が7月下旬以降も伸び続けている場合は先端を摘心しておきます。副梢が発生した場合は新梢がねじれないように左右交互に誘引して、誘引した先を摘心しておきます。なお、杭通し線に誘引した新梢は、将来の主枝となる重要な延長枝なので徒長させないよ

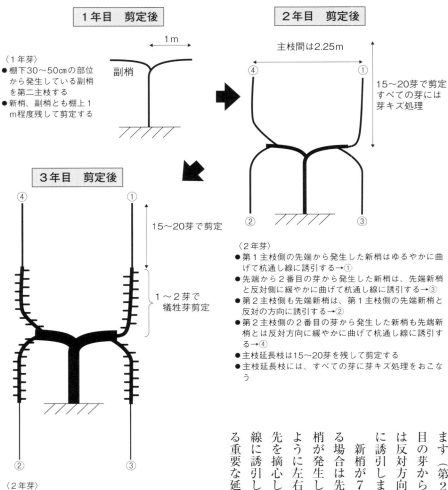

う新梢先端や副梢の摘心は必ずおこなうようにします。

この年の冬季剪定は、摘心がしっかりなされている場合は15～20芽を残して剪定します。主枝延長枝には、発芽を促進させるため、すべての芽に芽キズ処理（発芽させたい芽に切り込みを入れる）をおこないます。主枝延長枝以外の枝は切除します。

3年目

3年目には骨格が形成されます。それぞれの主枝先端の新梢はまっすぐに杭通し線に沿って誘引します。この場合も7月下旬以降も伸び続けている場合は先端を摘心し、枝の充実を図ります。発生した副梢も、新梢がねじれないように左右に誘引してその先は摘心します。

延長枝以外の新梢は1芽座1新梢になるように調整して主枝と直角に誘引します（新梢管理については第4章を参照）。

冬季剪定は2年目と同様に15～20芽を残して剪定します。主枝延長枝以外の新梢は1～2芽残し犠牲芽剪定し、将来の芽座とします。2年目同様に延長枝にはすべての芽に芽キズ処理をおこないます。

4年目以降

主枝延長枝は杭通し線に沿わせてまっすぐ誘引します。以降の管理も3年目と同様におこない、主枝長を片側8m程度まで延長させると樹形が完成します。なお、主枝の長さは樹勢によって調整しますが、弱めの場合は短く、強い場合は長めにします。

WH型整枝の年次別対処

1年目

棚下30～50㎝の部位から発生している副梢を、長梢剪定樹でいうところの第2主枝とします。この年の剪定では棚上に2m程度、副梢は1m程度を残します。結果母枝が太い場合には芽キズ処理をおこないます。

2年目

第1主枝側の結果母枝の先端から発生した新梢（第1新梢）と2番目の芽から発生した第2新梢は、旺盛に伸びていればそれぞれ外側の主枝になります。このため、生育期の緑枝の時期に緩やかに曲げて誘引しておきます。また、内側の主枝候補の新梢についても基方向に返すように誘引しておきます。このとき、主枝候補枝の生育に影響する新梢は、かき取るか摘心して候補枝の生育を妨げないように管理します。

内側主枝を車枝《くるまえだ》で配置すると外側主枝が負け枝となってしまいますので、必ず2芽以上あけて先から返すようにします。

図６－３　WH型短梢剪定樹の模式

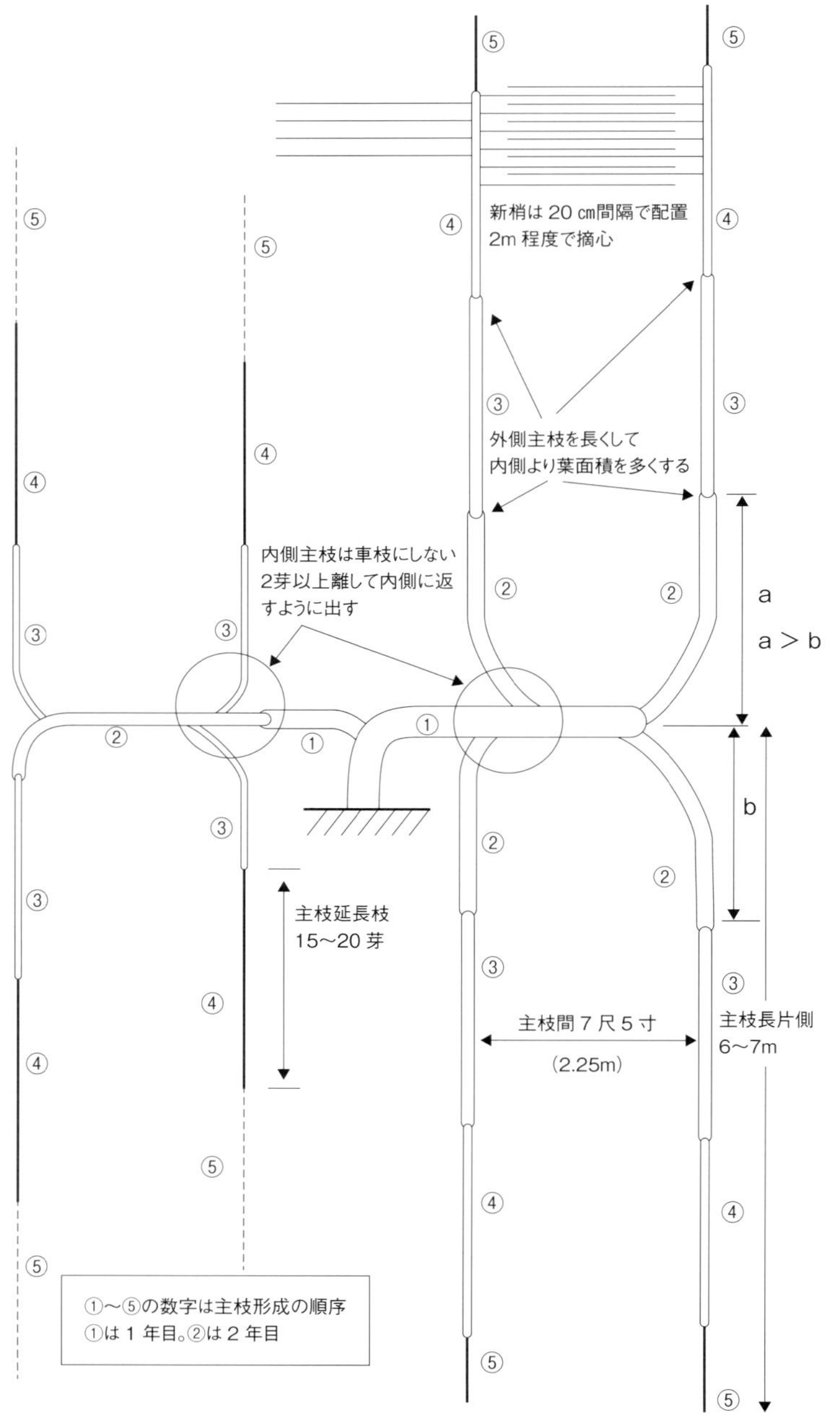

図６‐３に示したように、冬季剪定時には外側主枝ａ部の長さはｂ部よりも長く残して、生育期の葉面積を稼ぎｂ部に負けないようにします。なお、残す結果母枝の長さは太い枝でも20芽程度で切り返し、強めの新梢を発生させます。

こうして、しっかりとした芽座を確保します。残した結果母枝にはすべての芽に芽キズ処理をおこない、不発芽による芽座の欠損を防ぎます。

第２主枝側の先端から発生した新梢

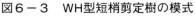

も、外側主枝とするため緩やかに曲げて誘引しておきます。

3年目

3年目には骨格が形成されてきます。第1主枝側では先端から伸びた新梢はまっすぐ誘引しますが、太くなりすぎると枝の充実が悪くなり発芽率も低下しますので、25芽程度残して摘心し、また、副梢も数芽残して摘心して枝の充実をはかります。冬季剪定時の切り返しは15～20芽程度とし、2年目同様に外側主枝を長く残して葉面積を稼ぐようにします。また、同様に延長枝のすべての芽には芽キズ処理をおこないます。

第2主枝側の管理は、2年目の第1主枝側に準じておこないます。

4年目

主枝の延長枝はまっすぐに誘引します。徒長させると充実が悪くなりますので、3年目の管理と同じように25芽程度で摘心し、充実をはかります。主枝のねじれを防止するため、発生した副梢は左右均等に誘引しておきます。

冬季剪定時の切り返しは、やはり15～20芽程度とし、外側の主枝が長くなるようにします。すべての芽に芽キズ処理も同様におこない、芽座の欠損を防ぎます。

以降、主枝長を片側6～8mまで延長させ樹形が完成します。なお、主枝の長さは土壌の肥沃さなどにより異なってきますので、樹勢を見ながらの判断となります。

結果母枝の剪定法

主枝完成後は基本的には1～2芽残し、その上の芽で犠牲芽剪定します（**図6‐4**）。犠牲芽剪定とは枯れ込みを防ぐため、組織が硬い芽の部位での剪定をいいます。

一つの芽座から2本以上の結果母枝が発生している場合は、主枝に近いほ

結果母枝剪定の例（1年目）

結果母枝剪定の例（2年目）

うの結果母枝を残し、芽座の長大化を防ぎます。

　不発芽などにより芽座が欠損した場合は、前後の芽座の結果母枝を2～3芽残してその上の芽で犠牲芽剪定します。剪定の時期は厳寒期を避けますが、積雪が心配される地域では、積雪による棚の倒壊を防ぐため、5芽程度に粗切りをおこなっておきます。

図6－4　結果母枝の剪定方法

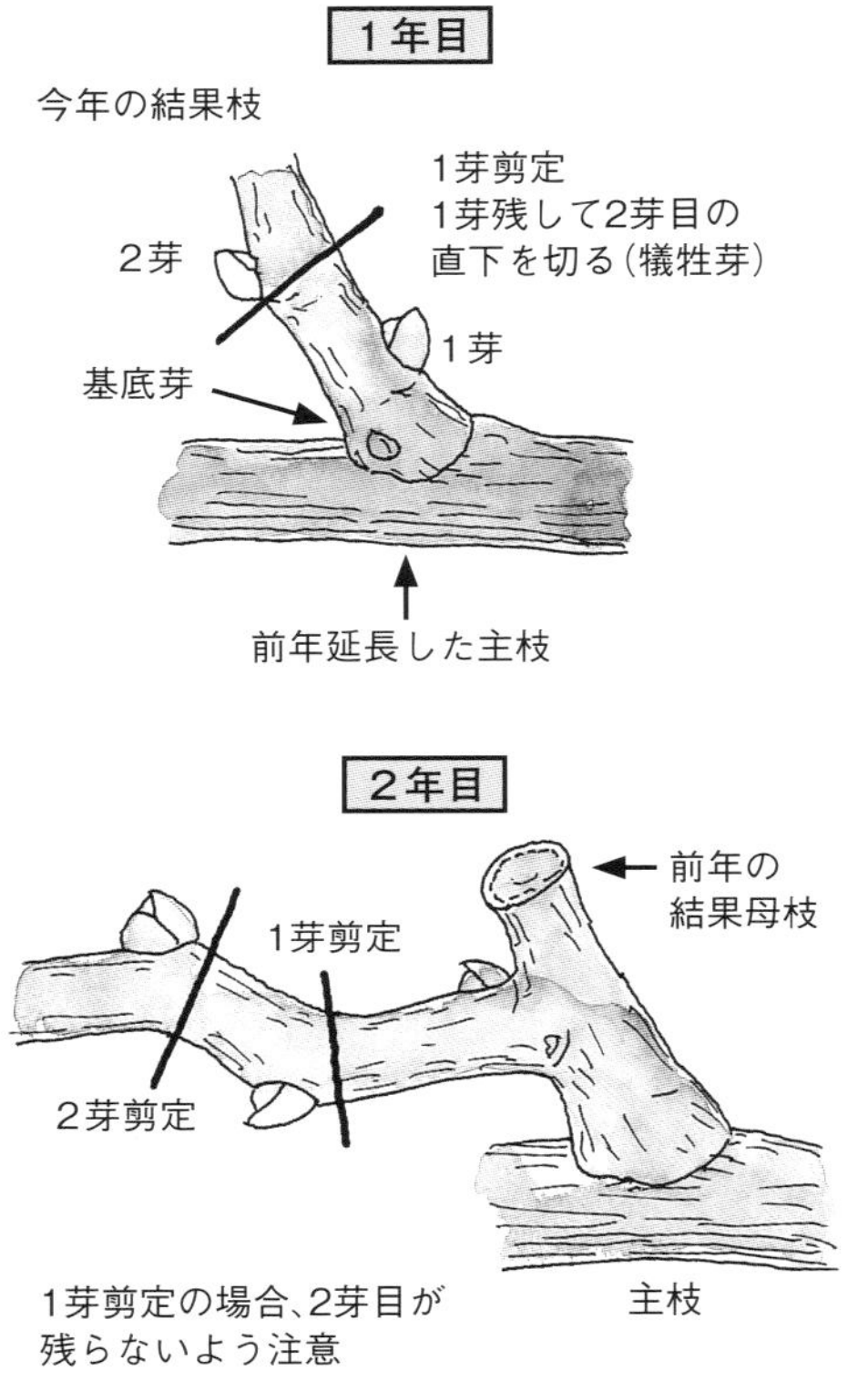

注：『改訂 絵でみる果樹のせん定』（長野県農業改良協会）より

品種による向き不向き

　平行整枝短梢剪定を前提としている西日本の産地では、向き不向きなどを考慮することなく、すべての品種を短梢剪定で栽培しています。有核や強勢の品種では主枝数を増やして樹勢を落ち着け、小房のものは主枝間隔を狭め反当たりの収量を確保するなど工夫しています。果実品質や収量を多少犠牲にしても省力化や単純化の利点のほうが優ると考えているからでしょう。

　一方、長い間、長梢剪定で栽培してきた東日本では、短梢剪定を導入するにあたって、どうしても長梢剪定樹の果房と比較することになり、品質や収量に対してハードルが高くなっています。このような栽培者の心情を考慮すると、短梢剪定に向く品種の条件は以下のとおりと考えます。

・発芽が良好で芽座をしっかり確保できること
・花穂が大きく、花穂数が十分に確保できること
・果実品質と収量が長梢剪定樹と同等以上であること
・新梢が折れにくいこと

たとえば、巨峰系の黒色品種や「シャインマスカット」などは、短梢剪定樹においても房持ちがよく、果実品質と収量が長梢剪定樹と同等に確保でき

るので、省力化の利点から導入する価値はあります。

一方、発芽がそろわない「ロザリオビアンコ」や房持ちが悪い一部欧州種、７尺５寸の間《ま》（杭通し線の間隔が約５㎡の棚）では（主枝間隔が広すぎ）収量が低下する「デラウェア」や「甲州」などでは、現時点では長梢剪定のほうが優れていると思います。

導入上の留意点

これまでの栽培事例から判断すると、短梢剪定仕立てを導入することの利点は多々あります。長梢剪定が主流の地域では、経営規模の維持拡大、新規就農者の参入促進、遊休ブドウ園の解消、簡易雨よけによる生産安定などの効果が期待できます。

新規開園や改植する場面では、前述のような長所短所を十分承知して短梢剪定仕立てに取り組んでほしいと思います。

長梢剪定仕立ての特徴と方法

長梢剪定栽培の来歴

前項に短梢剪定について述べましたが、山梨や長野など伝統的に長梢剪定で栽培がおこなわれている産地では、短梢剪定栽培の有利さを承知しつつも、まだまだ長梢剪定栽培が広くおこなわれています。

世界の主要産地を見れば垣根や株仕立てが主流ですが、生育期に降雨が多いわが国では、水平の棚に枝をはわす方法で栽培がおこなわれています。約４００年前の１６１５年（元和元年）に甲斐国の医者、永田徳本《とくほん》氏により「ブドウ棚架け法」が考案されたといわれています。以来、もしかしたらそれよりも前から竹や木材で組み立てられていた棚が使われていました。

現在のような地面全体をすきまなく覆うブドウ棚は、明治30年代に山梨県勝沼の若尾氏により全面に針金を使用した針金棚に改良されたことにより、以降、急速に普及していきました。

当時のブドウ樹の仕立て方は、放任に近い自然形であったと思われます。主枝の配置や伸ばし方、亜主枝や側枝の扱い、結果母枝の切り方などについて検討したような記録は見当たりませんが、当時栽培されていた品種は甲州種であったため、よい果房を得るには、枝を長く伸ばして樹勢を落ち着かせるような剪定がなされていたと想像できます。

明治以降、「デラウェア」や「キャンベルアーリー」、「ナイアガラ」などの米国系の比較的節間の短い品種が導入されました。これらの品種では、徒長しにくい特性があるので甲州種のような大木に仕立てずに強い切り返しの剪定がおこなわれていたようですが、樹形全体を見ると一定の法則がない自然形であったのかもしれません。

X字型整枝

ブドウ樹の特性の一つとして「負け枝」が発生しやすいことがあげられます。すなわち、ブドウでは根元（主幹）に近い部位から発生する枝はよく伸び、年々太っていきますが、これらの枝よりも主幹から遠い部位から発生している枝は生育が妨げられ衰弱していきます。

この衰弱した枝を「負け枝」と呼んでいます。「負け枝」となった部分の果房の品質は悪くなり熟期も遅れぎみになります。このため、剪定にあたっては、この「負け枝」を発生させないように注意を払わなければなりません。

図6－5　X字型整枝の基本樹形

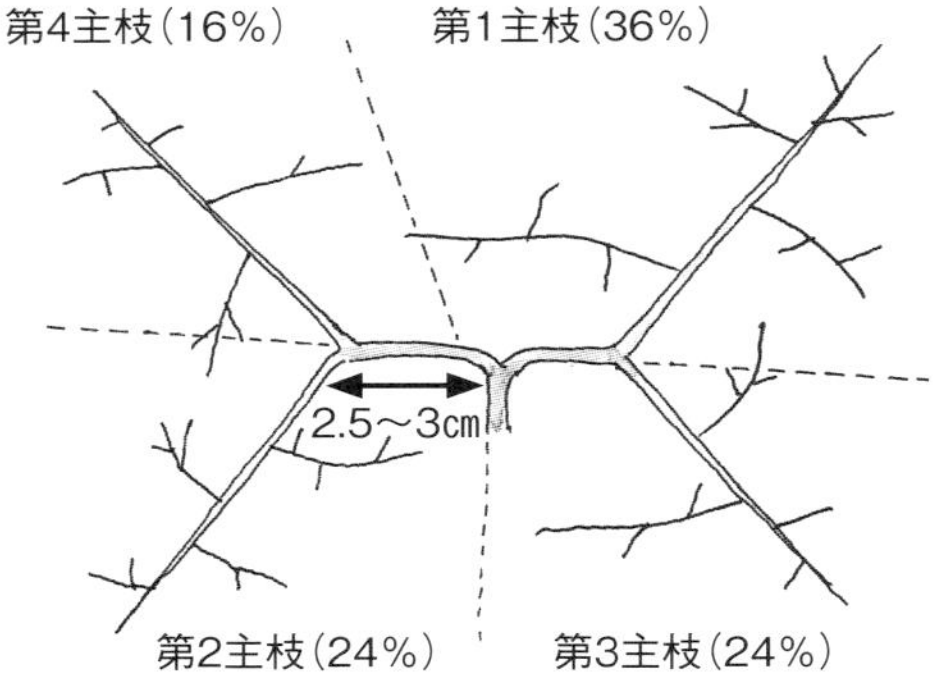

注：土屋長男原図より

「X字型長梢剪定法」は、山梨県勝沼の土屋長男氏により創案されました。従来おこなわれてきた放任に近い自然形の欠陥を指摘し、改善を加えて構築された画期的な整枝剪定法であるといえます（**図6‐5**）。

「負け枝」を防ぎつつ樹冠を拡大していくこの整枝剪定法は、60余年を経過した現在においても色あせることとなく、すべての品種に適応され、日本のブドウの栽培安定の基本技術となっています。

以下に長梢剪定仕立てについて詳しく述べますが、考え方はこの「X字型長梢剪定法」を踏襲しています。

なお、「X字型長梢剪定法」は昭和31年に養賢堂から発行された『実験・葡萄栽培新説』に詳細に取りまとめられています。現代かなづかいに書き改められた本書の増補版が私の手元にあり、今でもことあるごとに読み返しています。緻密な観察と実践から導かれた学説には説得力があり、現在のブドウ栽培技術書の源流となる名著であると思います。

長梢剪定の特徴

長梢剪定の特徴、利点をつぎに列挙します。

・樹冠の拡大が速やかで早くから収量を確保できるので、早期の成園化が可能です。

・棚の空いた部分に自由に枝が配置できるので、棚面を有効に活用できます。

・残す結果母枝を選択できるので、果実品質が安定します。

・結果母枝の剪定程度を加減できるので、樹勢のコントロールがしやすいです。

自然形長梢剪定仕立て

・剪定だけでなく、芽かきや誘引により新梢勢力をそろえることができます。

・すべての品種において適用が可能です。

一方、短所としては以下の点が考えられます。

剪定後の長梢剪定樹

・整枝剪定技術の理解や習得がむずかしく、熟練するまでには経験が必要となります。

・斉一的な枝の配置にはならないので、機械化などの省力技術の導入は困難です。

・根群が発達しない若木時に一気に樹冠を拡大することや着果の過多は、樹勢が弱りやすいので注意が必要となります。

長梢剪定における留意点

X字型整枝では、主枝の勢力を保ちながら樹冠を拡大し最終的には**図6-5**のような樹形をめざします。樹形が完成したら、長年にわたり樹形と樹勢を維持しなければなりません。このため、整枝剪定にあたっては以下の点に留意する必要があります。

主枝はまっすぐに伸ばす

養水分の幹線である主枝は素直に伸

図6－6　同側枝と車枝の影響（模式図）

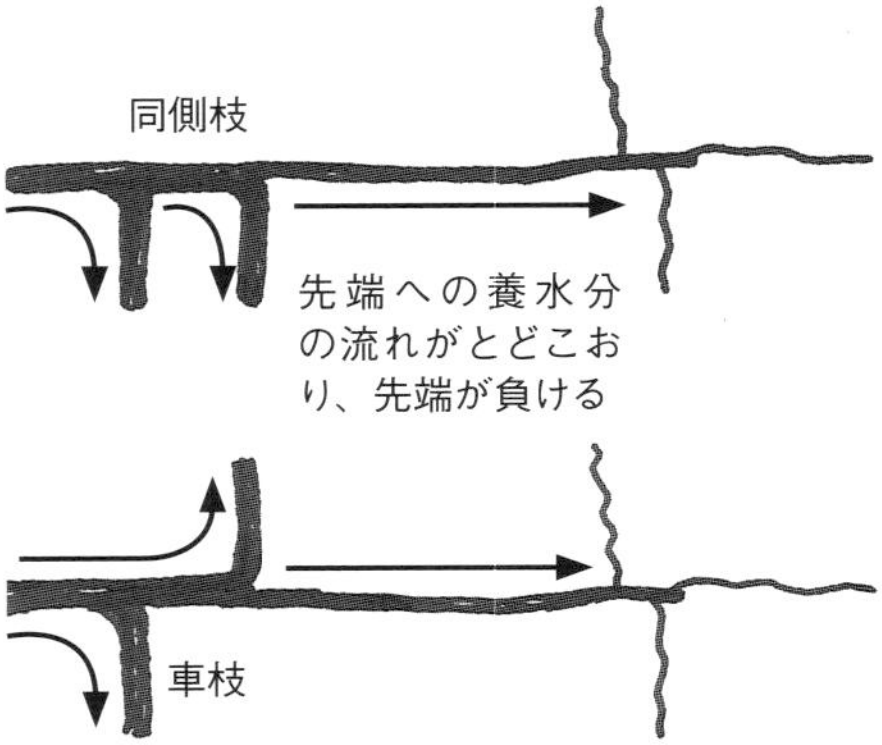

ばし、主枝から分岐する枝よりもつねに強く保ちます。

同側枝、車枝は先端部を弱らせる

図6・6に示したように、片側に連続して枝を残すことを「同側枝」と呼びます。また、近接して左右に配置した枝を「車枝」と呼びますが、このような状態では先端の勢力を弱らせてしまいます。枝は交互に一定の間隔をとって配置することが重要です。

新梢が多い側枝ほど強勢になる

先端部と枝数（芽数）が同じくらいの側枝は、側枝のほうが強勢になりやすいので、芽数は先端部よりも少なくします。

基部に近いほど強勢になる

主幹に近い枝ほど根からの距離も近いため養分が供給しやすく、強勢になりやすい特性があります。このため、主幹に近い部位に大きな側枝を配置すると、先端部が衰えてしまいますので、剪定のさいには側枝をあまり大きくしないことが肝要です。

先端に向かっている枝ほど強くなる

先端の方向に向いた結果母枝は強勢になりやすいので、剪定のさいには、できるだけ残さないようにします。ただし、枝の配置上、残す必要がある場合は、なるべく弱めの結果母枝を残すようにします。

空間をゆったりと確保する。

モモやスモモでは、剪定で残した枝に果実がつくので、収穫期の状況をイメージしやすいのですが、ブドウでは結果母枝から発生した新梢の途中に果房がつきます。このため、新梢が伸びて果房がついた状態を想像しながら剪定作業をおこなう必要があります。

結果母枝剪定の留意点

図6・7のように、先端の結果母枝は10～15芽程度に切り詰め、先端から2番目と3番目に発生している結果母枝は間引き、④の新梢を5～10芽程度に切り詰め残します。さらに⑤、⑥を間引き⑦を残します。さらに2本を間引き、⑩を残します。側枝のBの部分の剪定も先端を残し、2本間引いて残す方法で切っていきます。

このとき、Bの部分の枝数が多いと、先端のAの部分が「負け枝」になってしまいよい果房が生産できなくなりますので、Bの枝数はAの3分の2以下に少なくします。

図6−7　長梢剪定の例

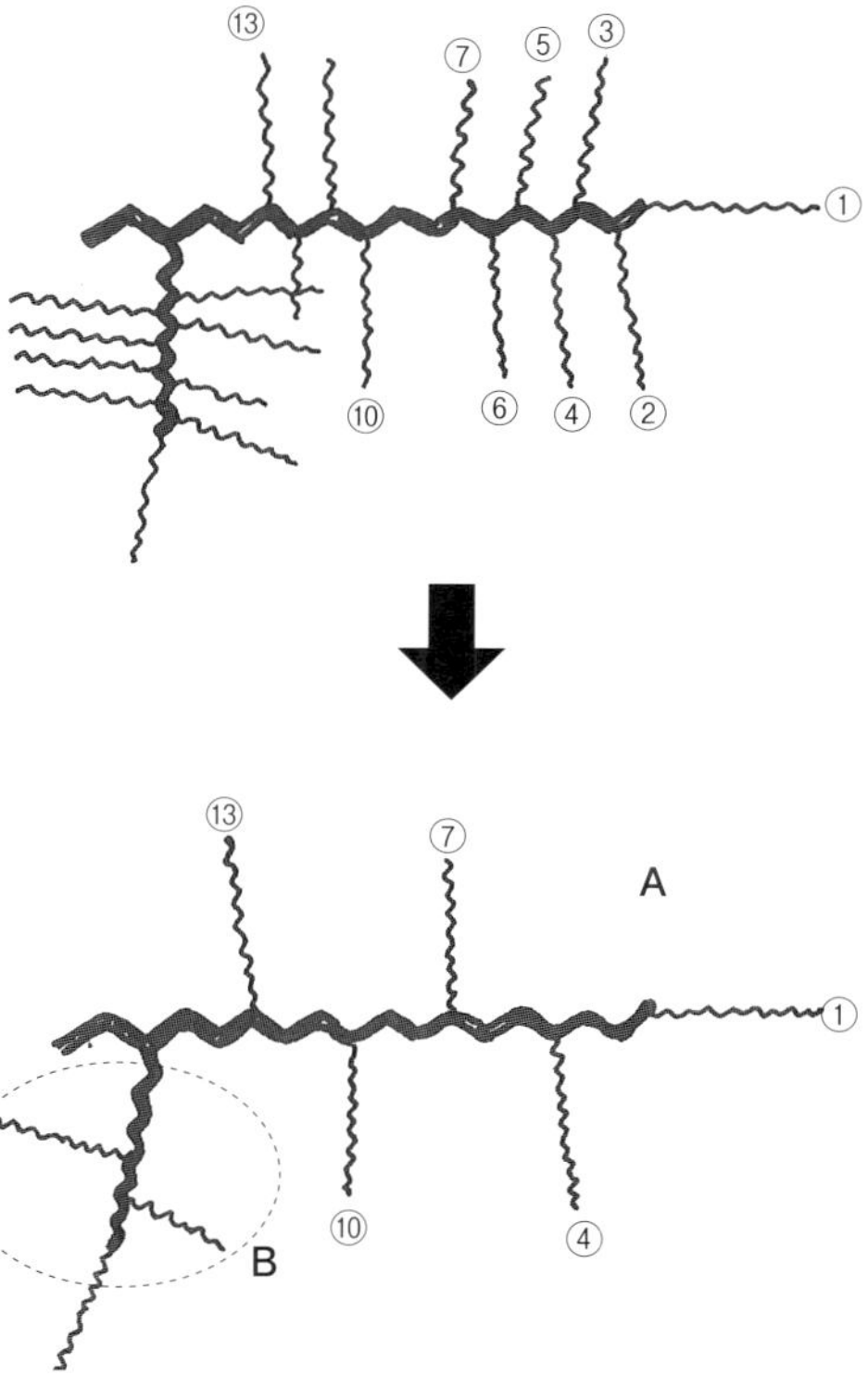

発芽がそろい、健全に生育して登熟のよい結果母枝の剪定は前記のとおりですが、樹勢やその年の天候などにより、発芽が不ぞろいになったり生育がバラつく場合もあるので以下の点に留意して剪定をおこなってください。

残す枝の選び方

節間が詰まっていて徒長していない枝を優先的に残します。枝を切ってみて断面が円形に近く、髄の部分が小さいものがよい枝です。切ってみてスカスカになって枯れ込んでいる枝や登熟が不良な枝は、残しておいても発芽しませんので、たとえよい部位にあっても、切除します。

長く伸びた新梢はあまり短く切り詰めない

長く伸びた枝を短く切り詰めて芽数を少なくすると、残った芽に養分が集中しすぎて勢いよく伸びてしまいます。このように強すぎる新梢にはよい果房はつきません。

短い新梢は切る

短くて細い新梢を残すと、残した芽から発生する新梢は短く弱いものになります。樹冠も広がらず、樹は衰えてしまいます。

古い枝は更新する

古い枝はなるべく新しい枝に更新します。古い枝からは新梢が発生しませんので、養分を消費するだけの器官になっています。太い枝を切るとスペースが埋まるかどうか不安になりますが、1~2年で新しい枝に埋まりますので心配はいりません。

X字型整枝剪定の実際

1年目

新梢が旺盛に生育して棚上に2m以上伸びている場合には、3分の2程度

図6－8　長梢剪定（棚）の姿

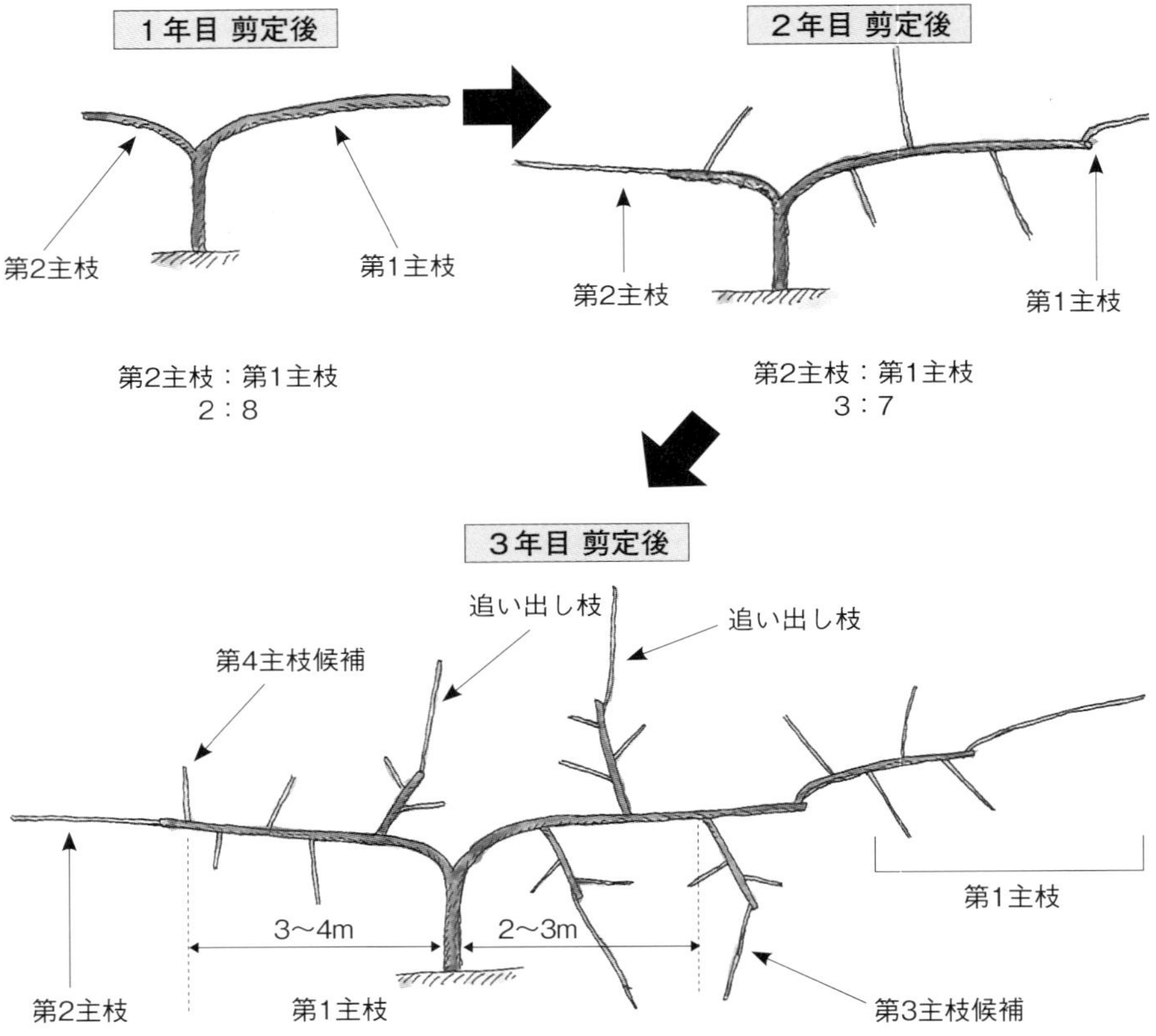

残して切り詰めます（**図6-8**）。棚下30～50cmの部位から発生している副梢を第2主枝としますが、第1主枝との勢力差を8：1程度とします。

剪定後に第1主枝が棚上に1m程度しか残せなかった場合は、副梢は切除し、第2主枝は翌年に伸びた新梢を使います。新梢が伸びたものの十分に生育しなかった場合には、棚下1m程度で切り詰め翌年に強めの新梢を発生させます。

2年目

主枝の延長枝は、強さに応じて2分の1から3分の2程度残して切り詰めます。その他の結果母枝は主枝先端の結果母枝よりも強い枝は切除し、基本的に2芽置きに交互に残します。

なお、副梢は種あり栽培で樹勢を落ち着かせたい場合以外には基本的には用いません。

3〜4年目

第3主枝と第4主枝の候補となる枝を決め、育成する時期となります。第1主枝側に第3主枝を、第2主枝側に第4主枝を配置します。第4主枝を分岐させる位置は主幹から2〜3m離れた位置に取り、第3主枝の分岐よりも遠い位置とします。各主枝の先端の勢力を保つため、競合するような強い枝は配置しないようにします。

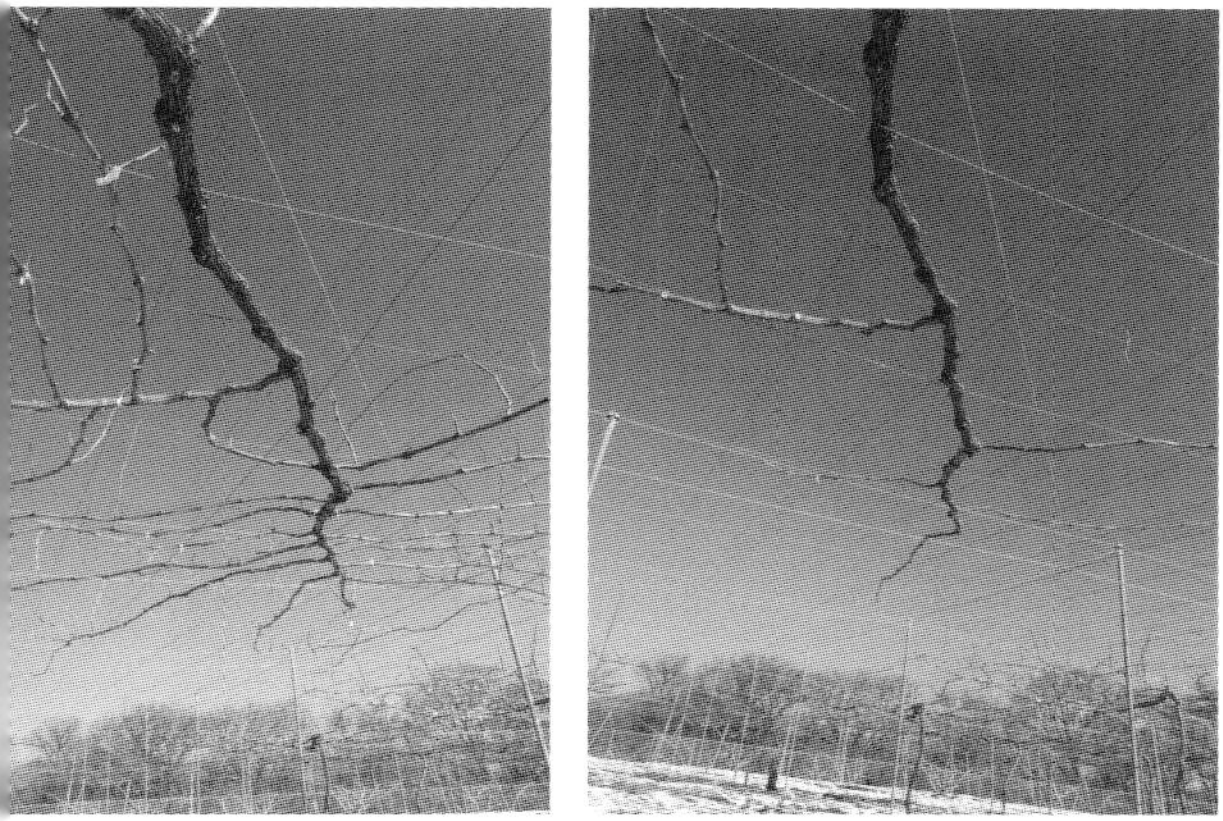

長梢剪定前（左）と剪定後

主幹から第3・第4主枝の分岐までの間にある枝は将来、樹形が完成したら切除してなくなることになりますが、強剪定を避けるため数年間は「追い出し枝」として使います。

この年代では第1主枝側と第2主枝側の勢力差（芽数の差）は7：3程度とします。

5〜6年目以降

各主枝に多くの亜主枝候補や側枝が配置されてきます。主枝間の勢力差を保つため、第1主枝よりも第3主枝の芽数を、第2主枝よりも第4主枝の芽数を少なくします。

長梢剪定仕立ての棚

各主枝の目標とする占有割合（勢力差）としては第1主枝が36％、第2主枝と第3主枝がそれぞれ24％、第4主枝が16％とします。

各主枝に配置される亜主枝は将来残す枝ですが、側枝は長大化しないように管理します。

樹形完成以降

主枝、亜主枝が確立されほぼ樹形が完成されます。樹冠を維持し適正な樹勢を保つように（現状維持の）剪定をおこないます。

具体的には、側枝の長大化や黒づる（結果母枝以外の旧年枝）の増加を防ぐため、切り返し剪定を基本とします。

ブドウの繁殖の方法

栄養繁殖と種子繁殖

ブドウに限らず果樹の繁殖は、一般に挿し木や接ぎ木などの栄養繁殖法でおこなわれており、親とまったく同じ形質のものを多量につくることができます。

「台木」に「穂木」を接ぎ木して苗木をつくりますが、この台木の使用は果樹園芸の大きな特徴です。

ちなみに、種子を発芽させて育てる方法は種子繁殖法といい、育った樹を実生といいますが、実生《みしょう》の果実は色や大きさなど遺伝的特性が親と異なるため果樹の繁殖には適していません。

ブドウは挿し木をおこなうと容易に発根しますので、自根苗の繁殖は比較的簡単にできます。鉢やプランターで栽培する場合には自根苗でも十分に楽しめますが、圃場に植えつけ永年にわたって経済栽培をおこなう場合は、台木に接ぎ木した苗木を用いるほうが安心です。

台木の選択

ブドウにはフィロキセラという根に寄生する害虫がいますが、接ぎ木に使われる台木はこの害虫に抵抗性を有しています。このため、接ぎ木苗にフィロキセラが寄生することはありません。自根苗には寄生する危険性が高く、一度寄生してしまうと駆除は非常に困難になります。

また、台木には前述（43頁）、または後述するように多くの品種があります。灌水施設がなく乾燥ぎみの土壌では根が深く入る乾燥に強い台木を、一方、地下水位の高いような場所では根域が浅い台木、また、ハウス栽培など樹勢が弱くなりやすい場合には強勢台木など、土壌条件や栽培条件によって、自分の意図する台木を選ぶことができます。

つぎに国内で使われている代表的な台木の特性を示しますので、自園の栽培環境に適した台木を選択するようにしましょう。

台木の種類と特性

現在、使用されている台木のほとんどは以下に示す3種の野生種が親となっています。この3種を交雑して、フィロキセラ抵抗性や石灰質土壌への適応性、挿し木発根の容易さなどの特性を有した台木が育成されています。

マルチに挿した台木が発芽

台木の3大原種

リパリア種（*V.riparia*）

北米原生種で河岸のような多湿で砂質土壌に自生していました。根は浅く地表面近くに広がります。挿し木での発根性は容易です。このリパリア種由来の台木は穂木を矮性にし早熟で着色良好となる傾向があります。

ルペストリス種（*V.rupestris*）

砂礫地に自生し、リパリア種よりも石灰質土壌や乾燥に強い特性があります。ルペストリス種由来の台木は、根が深く入り穂木を強勢にします。豊産性ですが晩熟となる傾向があります。

ベルランディエリ種（*V.berlandieri*）

乾燥した礫地や傾斜地に自生し、根は分岐が少なく土壌中に深く進入します。石灰土壌や乾燥に最も強い特性がありますが、発根性が悪く繁殖がむずかしいことが欠点です。土壌適応性が広く、豊産性で果実品質は優れます。

主要台木品種

グロワール

（*Riparia gloire de Montpellier*）

リパリア種の純粋種です。挿し木の発根や接ぎ木の活着は良好です。台木自体は大きくなりますが、穂木の生育はとても弱くなります。適湿な砂質の肥沃土壌に適し、乾燥地や痩せ地には向きません。台木品種の中では早熟で着色に優れます。

セントジョージ

（*Rupestris St.george*）

ルペストリス種の純粋種です。台木自体は大きくなりませんが、穂木の勢力は著しく強くなります。豊産性で熟期は遅く着色も不良となりやすい傾向があります。揚水が早く樹勢が低下しにくいので早期加温のハウス栽培で多く利用されています。

101-14

（*Riparia×Rupestris 101-14*）

耐湿性は強いのですが、耐乾性はやや弱くはありません。穂木の樹勢はやや弱く、樹冠の拡大は大きくありません。グロワールについで早熟で品質の高い果房が生産できます。火山灰土など肥沃な土壌で樹勢を落ち着かせるのに適した台木といえます。

テレキ5BB

（*berlandieri×Riparia Teleki selectia Kober 5BB*）

穂木の樹勢は中庸からやや弱めです。生育は樹冠の拡大は101-14よりも大きく、果実品質は優れます。若木のうちは生育旺盛で徒長しやすいことから、早めに樹勢を落ち着かせるように管理します。

1202

(mourvedre×Rupestris 1202)

発根は容易で活着率も高く、繁殖性は良好です。穂木の生育は旺盛で樹冠はかなり拡大します。成熟期は遅く着色系の品種には不向きですが甲州種やデラウェア、青系品種に使われています。また、樹勢低下しにくいことからハウスでも多く利用されています。

挿し木による繁殖

先にも述べましたが、ブドウは挿し木により発根するため、繁殖は容易にできます。自根苗をつくる場合も根付きの台木を養成する場合も、挿し木は同じ方法でおこないます。

枝の採取と貯蔵

挿し木となる枝は、落葉後に採取しますが、厳寒期の1～2月に採取すると発芽しにくい傾向がありますので、11～12月に採取します。

採取する枝は節間が短く、切断面が丸い中庸からやや細めの充実した枝を選びます。採取後は乾燥しないようにビニールに包み、冷蔵庫（5℃以下）に入れておきます。冷蔵庫に入らない場合には日陰の土中に埋めて春まで保存します。

挿し床の準備と挿し木の調製

挿し木の時期は、暖かくなった4月以降がよいでしょう。

整地した圃場に畝をつくり、黒いポリエチレンフィルムでマルチし、挿し床をつくります。マルチには15cm間隔であらかじめ孔を空けておきます。孔を空けずに挿し穂を挿すとポリエチレンフィルムが挿し穂の切り口を覆ってしまい発根が妨げられてしまいます。

冷蔵庫から出した枝は写真のように3芽に切り、先端以外の芽は削り取り、下部は挿しやすいように斜めに切ります。このように調製した挿し穂は、一昼夜水に漬けて十分に給水させます。あらかじめ空けておいた孔に、芽が見える程度（数cm）を出してまっすぐに挿します。

土壌が乾かないようにこまめに灌水をし、伸びてきた新梢は支柱を添え、まっすぐに誘引します。

新梢の生育が良好な場合は、挿し木した当年に台木として利用できます。

◆挿し木

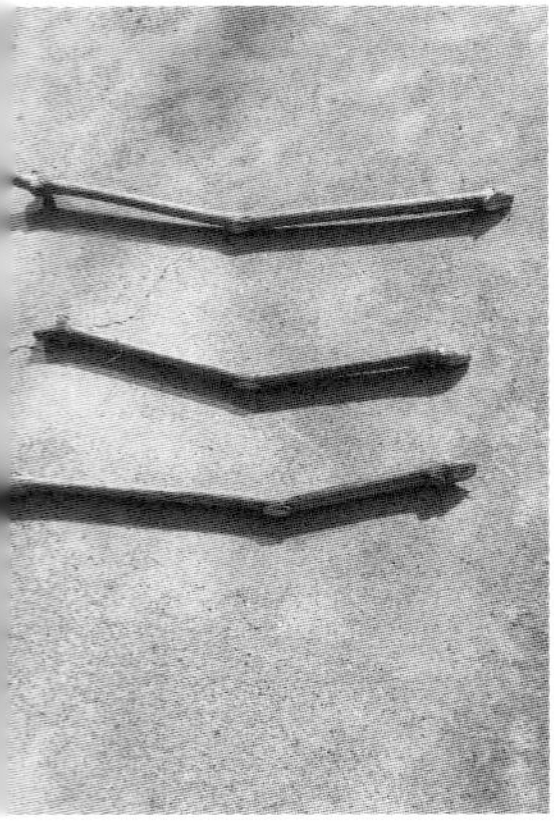

挿し穂を用意する

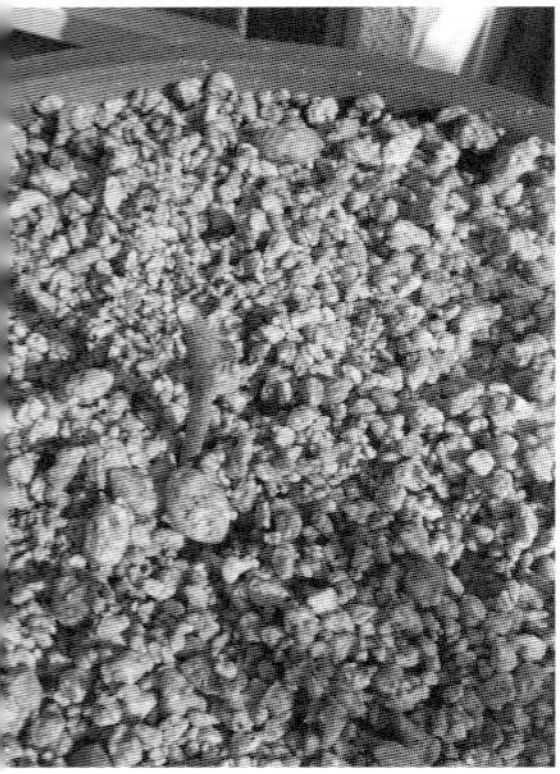

下部を斜めに切り、挿し込む

当年に利用しない場合は、冬季に基部の3芽程度を残して剪定し、翌年新たに発生した新梢に接ぎ木をおこないます。

接ぎ木による繁殖

ブドウの接ぎ木には、休眠枝同士を接ぐ「鞍接ぎ」や「舌接ぎ」、「オメガ接ぎ」といわれる方法と、圃場で台木の新梢に穂品種を接ぐ「緑枝接ぎ」、「休眠枝接ぎ」といわれる方法があります。

なお、「鞍接ぎ」や「舌接ぎ」、「オメガ接ぎ」は接ぎ木部の切り込みの形と接合のさせ方から区別して呼ばれていますが、原理は同じです。主に苗木業者など大量に苗木を生産する場合には適しています。

一方、「緑枝接ぎ」と「休眠枝接ぎ」は台木が養成してあれば特別な資材や施設がなくても比較的容易におこなうことができるので、一般の農家には適した繁殖方法といえます。

以下にこれらの方法の手順を示しますが、接ぎ木によりウイルス病は伝染するため、台木、穂木ともウイルスに汚染されていないもの、由来がはっきりしているものを用います。

鞍接ぎ(舌接ぎ)の方法

図6－9　鞍接ぎの方法

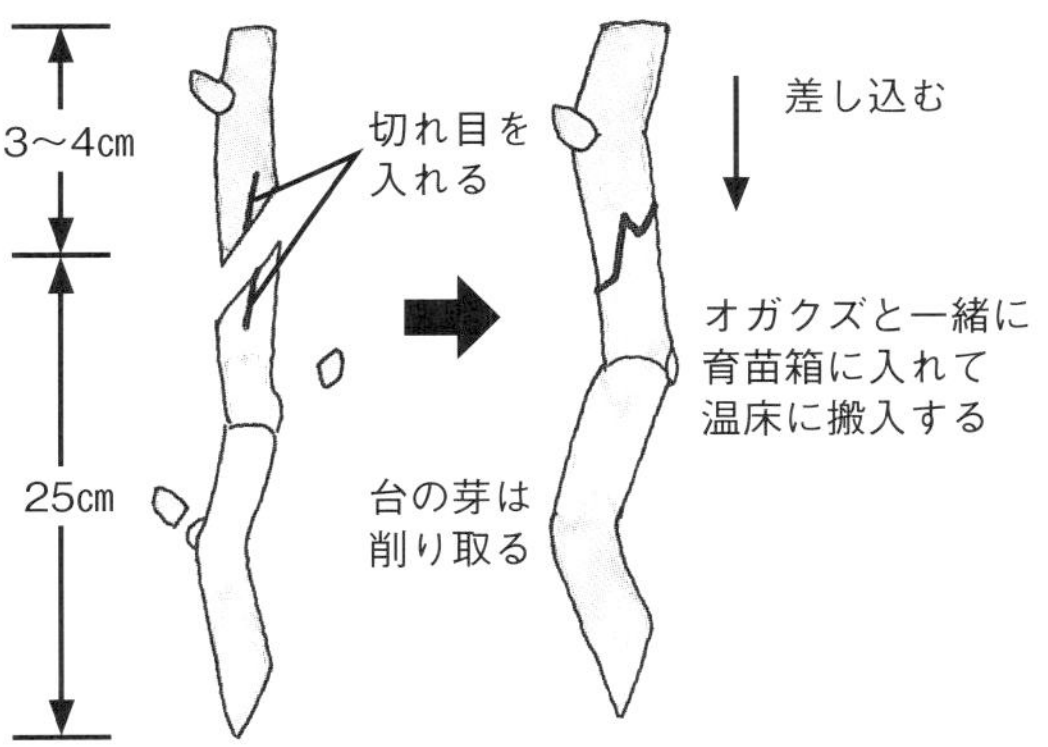

鞍接ぎ植えつけ

鞍接ぎは3月中旬頃におこないます。

その後1か月後には発芽し、発芽2～3週間後に苗木養成圃場に植えつけます。苗木養成圃場で養成し落葉後に圃場に植えつけします。

接ぎ木方法

リンゴ箱は深さが約30cmであるので、台木と穂木で25cm程度の長さになるように調整します。剪定バサミで穂木は3～5cm程度、台木は22～25cm程度に切り、穂木・台木ともに一昼夜水に漬けておきます。

図6・9のように切り出しナイフを使用し、穂木、台木を同じ傾斜で切ります。その傾斜に対して約2～3cm程度の切り込みを入れ、穂木と台木を傾斜に沿って接合します。

接合部は乾燥させないように、ロウづけするかパラフィルムなどで巻きます。

挿し床

深さが30㎝程度あるリンゴの木箱を用います。床土は【粉糠：モミガラ：ベンレート1000倍液＝20：6：10】の体積割合で調整したものを用います。

リンゴ箱を横に置き、床土を入れ、その上に接ぎ木苗10本を並べます。これを順番に繰り返し、サンドしていきます。1箱当たり苗木10本を10列入れることができるので、最大1000本の苗をつくることができます。

発根と発芽促進

圃場ではなく室内での管理となります。リンゴ箱は蒸散を防ぐため、ビニールでふんわりと被覆します。温床マットの上に被覆したリンゴ箱を設置し、温床の温度を30℃で管理し、発根を促します。発芽したらビニール被覆を少し開いて湿度を下げ、温床マットの温度も25℃に下げます。粉糠の表面が乾いてきたら、4～5日程度を目安に箱の下面から水がしたたるくらいに灌水をおこないます。

接ぎ木苗の養成

リンゴ箱の接ぎ木苗がほぼ発芽したら、苗木養成用の圃場に植えつけます。このときは、接ぎ木部が乾燥しないように土に埋めるようにします。灌水はほぼ毎日おこないます。

蒸散防止のため、新梢が伸長するまでは寒冷紗を張り、高温にならないように注意します。新梢が伸び始めたら接ぎ木部の土を除きます。支柱に誘引しながら管理し、約半年後には接ぎ木苗が完成します。

緑枝接ぎの方法

緑枝接ぎは台木の新梢に、穂品種の新梢を接ぐ方法で、誰にでも容易にできる繁殖方法です。

接ぎ木に用いる台木は、前述の方法で挿し木により前年に準備をしておきます。なお、ブドウ専門の苗木業者から根付き台木を購入することもできます。

緑枝接ぎ木の時期

接ぎ木の時期は新梢が伸びた開花前の5月下旬～6月中旬頃が適期となります。この時期より早いと穂品種の新梢が柔らかすぎ、逆に遅くなると台木の新梢の硬化が進み活着率が低下するので適期におこなうことが成功のポイントです。

接ぎ木方法と発芽後の管理

台木の新梢は、穂品種と同じくらいの太さのものを選びます。穂品種の新梢から、葉柄を残して葉を切り落とした芽（節）を採取し、切り出しナイフかカミソリ刃で芽の下をくさび形に削ります。

台木の新梢は、硬すぎないやや柔らかめの部位の節間で切り、断面の中央部にまっすぐに2㎝程度の切り込みを入れます。穂品種を台木にしっかりと差し込み、パラフィルムを巻いて固定

◆緑枝接ぎ

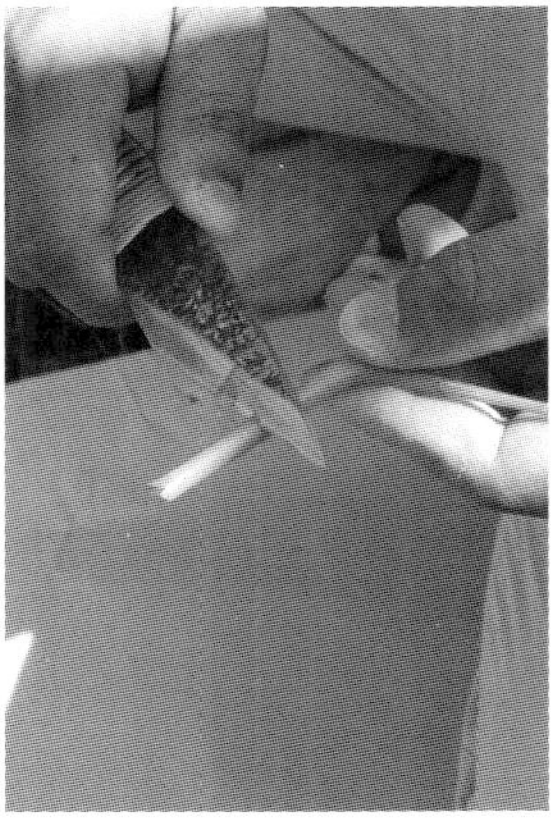
①穂木を削る

②穂木の下部はくさび形

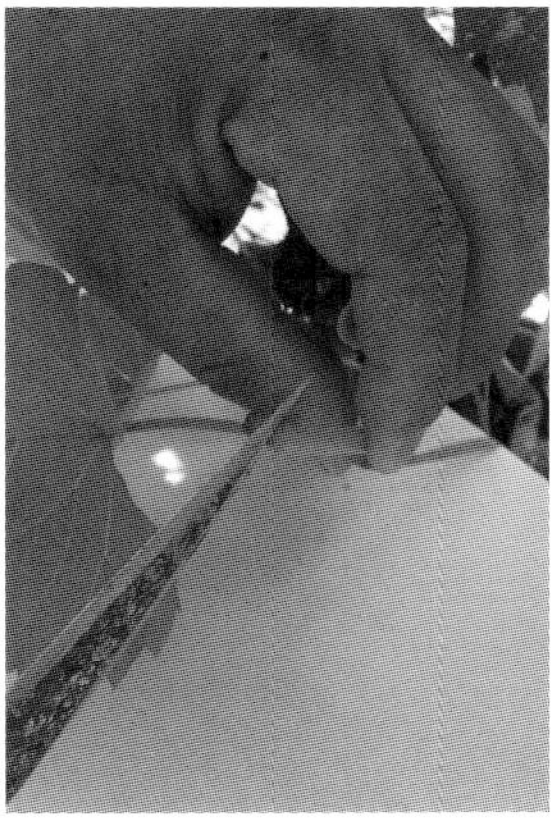
③台木に切り込みを入れる

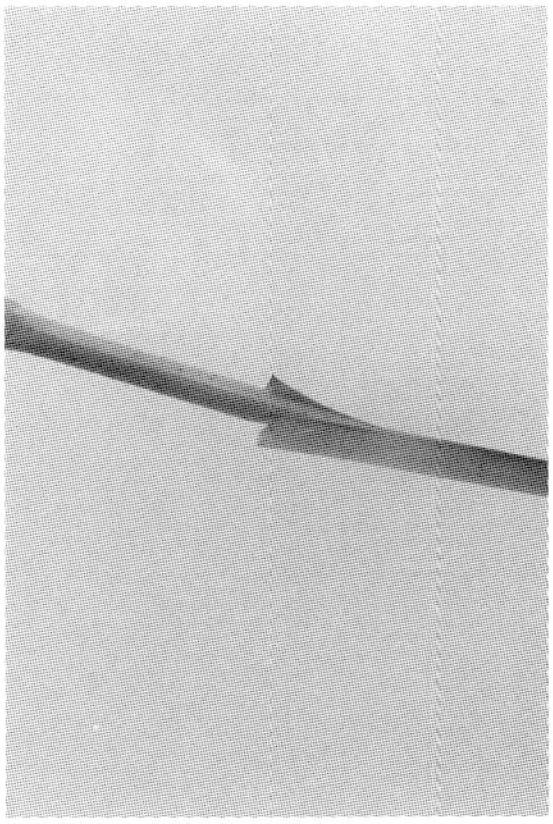
④台木に穂木を入れる

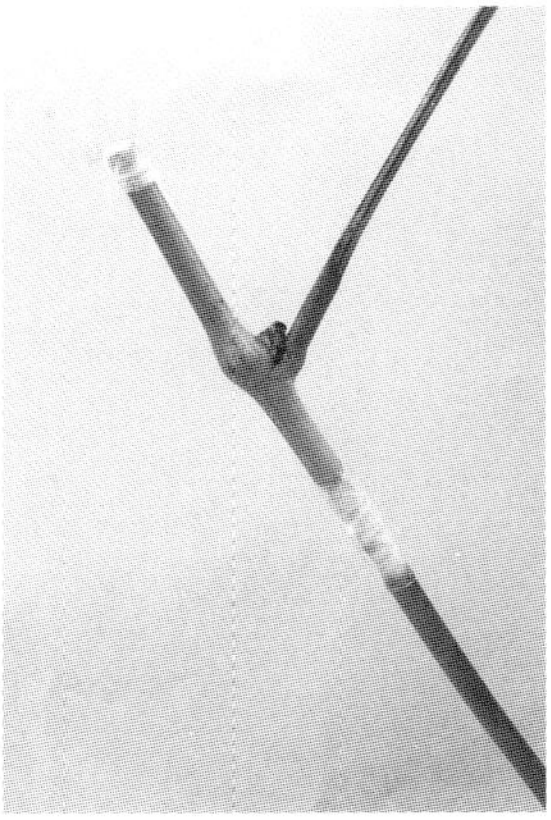
⑤パラフィルムを巻いて固定

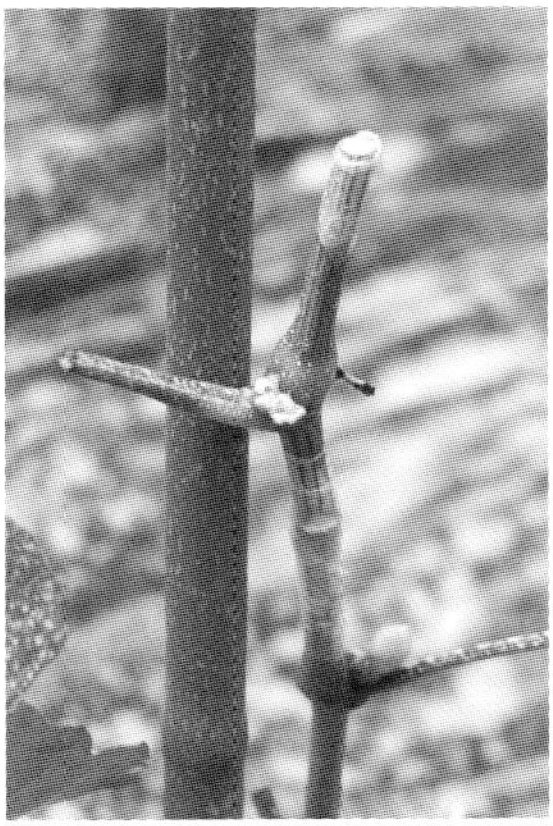
⑥新梢を支柱に誘引

します。穂品種の先端部分も乾きやすいので、この部分にもパラフィルムを巻いて乾燥を防ぎます。

　接ぎ木後は土壌が乾燥しないようにまめに灌水をおこないます。接ぎ木が成功すると、穂品種の葉柄は黄変、脱落し、腋《えき》芽《が》が伸び出します。穂品種の生育を促すため、台木から発生する芽はまめにかき取るようにし、伸び出した新梢は支柱にまっすぐ誘引して管理します。

休眠枝接ぎの方法

台木の新梢に、穂品種の休眠枝を接ぐ方法で、緑枝接ぎと同じ接ぎ方でおこないます。

　この休眠枝接ぎも誰にでも容易にできる繁殖方法です。緑枝接ぎの場合は穂木と台木の生育を合わせる必要があるのである程度時期が限定されますが、休眠枝接ぎの場合は台木の生育にのみ合わせて接ぎ木ができるので、気ぜわしさがなく作業に取り組むことができます。また、露地とは生育ステージが異なるハウスでも手軽に接ぎ木ができます。

休眠枝接ぎ木の時期

台木の新梢が伸びた5月～6月中旬頃が適期となります。台木の新梢が旺盛に伸びていれば、より早い時期におこなうことができます。早い時期におこなうと発芽も早くなり、発芽後の生育もよくなります。

接ぎ木方法と発芽後の管理

休眠枝は一昼夜水につけておく

休眠枝は一昼夜水につけておきます。こうすることで休眠枝は水を含んで柔らかくなるので、削りやすく安全に作業できます。穂木の削り方は緑枝接ぎの場合と同様にくさび形に削ります。このとき、枝の上下をまちがわないように注意してください。

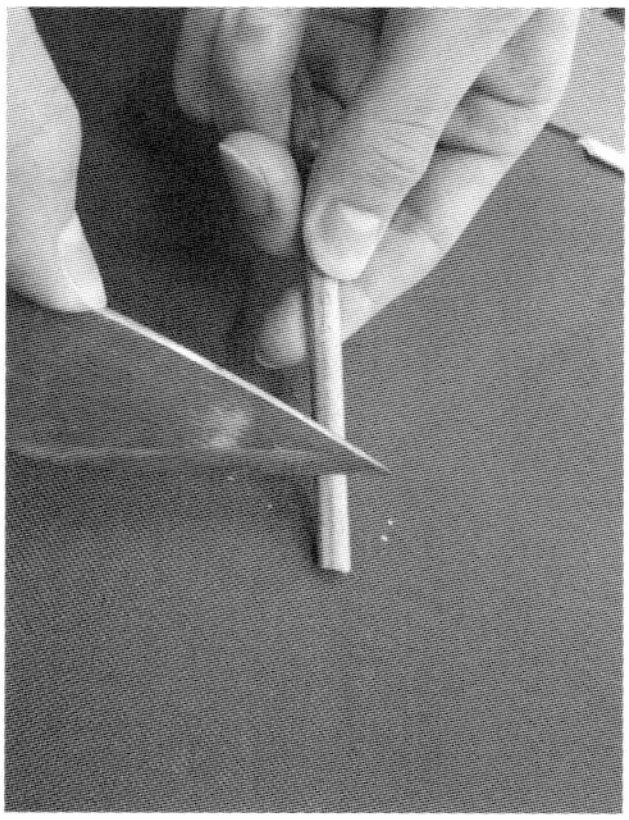

切り出してくさび形に削る

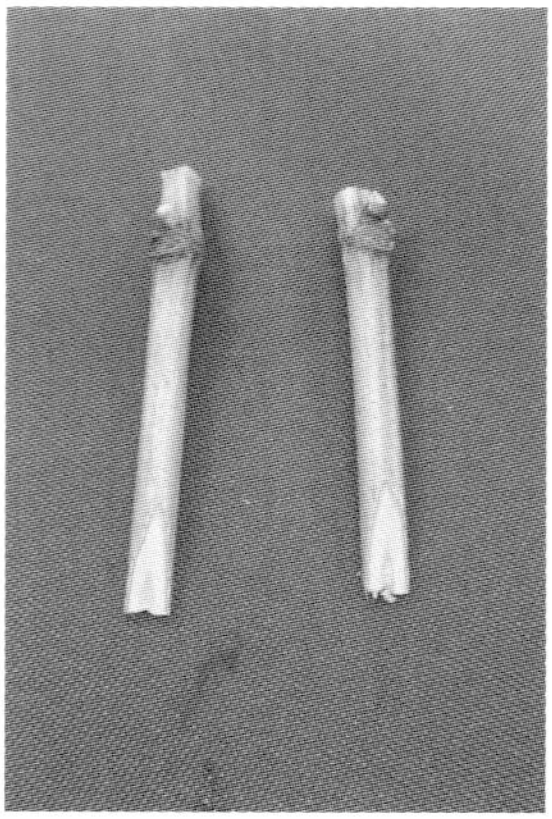

くさび形に削った休眠枝

台木の新梢は、硬すぎないやや柔らかめの部位の節間で切り、断面の中央部にまっすぐに2㎝程度の切り込みを入れます。休眠枝を台木にしっかりと差し込み、パラフィルムを巻いて固定します。休眠枝の切り口にもパラフィルムを巻いて乾燥を防ぎます。

接ぎ木後は、緑枝接ぎの場合と同じように、土壌が乾燥しないようにまめに灌水をおこないます。また、穂品種の生育を促すため、台木から発生する芽はまめにかき取るようにし、伸び出した新梢は支柱にまっすぐ誘引して管理します。

なお、休眠枝接ぎは緑枝接ぎに比べ活着率が若干低い傾向がありますが、一度活着すると新梢は旺盛に生育するのでよい苗に仕上がります。

第７章

生理障害、気象災害と病虫害

べと病にかかった葉

生理障害の症状と防止対策

ブドウでよく見られる欠乏症には、マグネシウム欠乏、ホウ素欠乏、窒素欠乏、カリ欠乏、マンガン欠乏があります。なお、過剰症は通常に栽培しているかぎりあまり見られません。欠乏症が発生すると果実品質や収量が低下してしまうため、生育期間に発生が認められた場合には、改善に向けた対策を講じる必要があります。

縮果病（甲斐路）

適正なpHと土壌分析

欠乏症の発生原因は、土壌中の含有量が少ない場合と、土壌中に肥料成分が十分にあっても、土壌の乾燥もしくはpHが適正外になっていることで、根が肥料成分を吸収できない場合とがあります。

土壌中の含量が少ない場合は、施肥時にその成分を補うようにします。土壌のpHが適正外の場合は、適正な範囲となるように調整していきます。

ブドウの適正な土壌pHは、前述のように「デラウェア」、「巨峰」、「ピオーネ」など米国系および欧米雑種が6・5～7・0、欧州系が6・5～7・5とされています。pHが適正範囲より低い場合は石灰系の資材を用い、高い場合は石灰質資材の施用を控えるかアルカリ度の低い資材を用いるようにします。

また、石灰、マグネシウム、カリについては、成分量のバランスが崩れると吸収阻害が起こり、土壌中に成分量が十分にあっても、欠乏症を生じることがあります。

このため、地域の指導機関等で実施している土壌分析を積極的におこない、過剰な成分がある場合は、その成分の施用は控え、不足している成分がある場合には、その成分を多めに施用するようにして調整し、各成分のバランスを保つようにします。

主な生理障害と防止対策

以下にブドウに多い欠乏症の特徴と対策について紹介します。第5章の

「土づくりと施肥」の項と併せて読んでいただきたいと思います。

マグネシウム（苦土）欠乏症

特徴と診断

比較的発生が多い生理障害です。症状は開花期以降に新梢基部の葉の葉脈間が黄色くなってきます。黄化が進むと葉縁部が枯れることもあります。症状は盛夏から落葉期にかけて激しくなりますが、樹体への影響は少ないようです。

マグネシウム欠乏症

果実品質への影響は果粒重や果房重への影響は少ないとはいえ、糖度と着色は低下する傾向にあります。なお、秋季にマグネシウム欠乏症が多かった樹でも、翌年の春先の葉には黄化は見られません。

発生原因

土壌からの苦土供給量が少ない場合に欠乏症が発生します。また、土壌中にカリが過剰に含まれている場合にも、拮抗作用により苦土が吸収されず欠乏症が発生します。

生育が旺盛な樹では、吸収した苦土が伸びている新梢の先端の葉の葉緑素の材料として使われます。土壌からの供給が少ない場合は新梢基部の葉から移行するため、基部の葉に症状が発生しやすくなります。

対策

土壌診断をおこなって、土壌中の苦土成分量を把握し、1～2年かけて必要量を施用します。資材は硫酸マグネシウムを10a当たり40～80kg土壌施用します。生育が旺盛な樹では、樹勢を落ち着かすような管理に努めます。また、生育期には摘心をしっかりとおこない、余計な新梢を伸ばさないようにします。

なお、土壌中のカリが過剰な場合はカリを施用しないなどカリ含量を少なくするように努めます。葉面散布は、マグネシウムを主体とした資材を5月下旬から一か月間隔で2～3回散布します。

ホウ素欠乏症

特徴と診断

生育初期に新梢先端の葉の葉脈間に油浸状の黄色い斑点が生じ、葉は小型化して奇形になります。ホウ素は結実や果粒に影響が現れやすく、開花期前から欠乏すると花ぶるいが起こり、結実が不良となります。

幼果期に欠乏すると果粒の内部組織

が褐変し、アンが入っているように見える「アン入り果」や果粒表面がごつごつと固くなる「石ブドウ」の状態になります。

発生原因

土壌中にホウ素が少ないと、吸収量が不足し欠乏症が発生します。なお、ホウ素は水に溶けやすいので土壌水分の影響を受けやすくなります。土壌が乾燥している場合は、土壌中にホウ素があっても吸収されにくいため、欠乏症状が出やすくなります。また、開花期近くに深く耕うんして根を切ってしまうと花ぶるいを起こすことがあります。

ホウ素欠乏症

ホウ素欠乏症（アン入り果）

対策

一般的なブドウ用の配合肥料や堆肥の中にはホウ素成分が含まれているので、基準に従った施肥をおこなえば必要なホウ素は供給されます。ホウ素欠乏の影響が出やすい4～6月には、土壌が乾燥しないように定期的に灌水をおこないます。

葉面散布をおこなう場合には、マルポロンの1000倍液を1週間間隔で2～3回散布します。

窒素欠乏

特徴と診断

葉色が薄くなり、新梢の伸長が鈍く全体的に活力が低下して見えます。果実品質も果粒重や果房重が低下し、着色も悪くなります。

発生原因

土壌中に窒素が少ないと欠乏症が発生します。また、土壌の乾燥による窒素分の吸収不足、降雨などによる窒素分の流亡、草生栽培園での草との養分競合などがあげられます。

対策

欠乏症状が見られた場合には、尿素など即効性の窒素肥料を10a当たり窒素成分で1～3kg施用し、たっぷり灌水します。より早く葉色を回復させたい場合は、尿素の200倍液を10a当たり200～300ℓ、葉面散布します。

カリ欠乏

特徴と診断

カリ欠乏

窒素欠乏

生育の初期に新梢基部の葉全体が黄白化します。その後、葉脈間に斑点状に黄白化が発生し、しだいに褐色化します。成熟期前には重症化すると葉縁部が壊死《えし》し、葉焼け症状を示します。新梢は伸びず樹勢は低下していきます。果房の生育も不良となり、果粒も小さくなります。

原因

一般的な園ではカリ欠乏はほとんど見られません。基肥のみで施肥は十分です。一方、造成園などではカリ含量が不足している場合もあります。カリ欠乏の原因は養分の拮抗作用、窒素過剰、結果過多、根の障害などがあげられます。

マンガン欠乏症（デラウェアの着色障害）

対策

地域の施肥基準などを参考にして、適正量になるように施肥量を調節します。施肥資材は、硫酸カリや塩化カリがよいでしょう。不足量は単年で補おうとはせずに2～3年かけて施用します。

なお、敷きワラや牛ふん、鶏ふんなどにはカリが含まれていますので、これらの有機物を用いて土づくりを計画的におこなうようにしてください。

マンガン欠乏症

特徴と診断

「デラウェア」の着色障害が知られています。具体的には果房の下部が着色しない「ツートン」や、着色した果粒としない果粒が混在する「ゴマシオ」の症状があります。

「デラウェア」以外の品種では明確な

欠乏症状の発現や果実への影響は明らかになっていませんので、米国系品種以外ではマンガン欠乏の感受性は比較的低いと推測されます。

発生原因

土壌のpHが高いと、マンガンが吸収されにくい形態となります。このような理由で発生している場面が多く見られます。また、「デラウェア」の着色障害は火山灰など作土の深い園や着果過多の園でも発生しやすくなります。

対策

「デラウェア」で着色障害が発生している場合は、硫酸マンガン液肥を重量比100倍に希釈して2回目のジベレリン処理時に浸漬処理します。重症園ではさらに硫酸マンガン液肥200倍液を10a当たり200～300ℓ散布します。長期的には石灰質資材の施用を控え土壌pHの上昇を抑えるようにします。

気象災害と主な対策

ブドウに限らず農作物は気象に大きく影響を受けます。露地で栽培している以上、気象災害を完全に防ぐことはできません。しかし、気象情報に注意して事前対策を講じたり、事後対策を徹底することで被害を軽減することは可能です。

凍干害

冬季の低温や乾燥による凍害が、しばしば見られます。凍害を受けると、発芽の不ぞろい、芽枯れ、結果母枝の枯れ込みなどの被害があり、ひどい場合は主幹部に亀裂が入り枯死することもあります。

貯蔵養分が不足している樹や、結果母枝の充実不良の樹、欧州系品種の若木でとくに徒長的な生育をしているような場合は凍害を受けやすくなります。

また、厳寒期を過ぎ耐寒性が低下した後、春先の戻り寒波などにより低温に遭遇した場合も凍害を受けやすくなります。

土壌の乾燥を防ぐため、凍結層ができる地域では凍結層ができる前にたっぷり灌水をします。主幹の周囲2mほどに敷きワラなどをおこない、土壌の凍結と乾燥を防止します。とくに欧州系品種では、幹や太枝にワラ巻きなどをおこない防寒対策を徹底します。

台風（大雨・強風）

棚仕立てのブドウは立木に比べ強風には強いのですが、棚が倒壊するような場合は被害は甚大になります。

台風の接近により強風が予想される

雹被害

大雨による裂果

場合には、棚やつか杭（棚を支える支柱）などを点検し補修・補強をおこないます。収穫前の園では強風による房の落下や葉ズレなどを防ぐため、棚のまわりに防風ネットを設置します。

雨よけ施設では、とくに風が強い場合にはビニールを巻き上げ倒壊を防ぎます。収穫期を迎えている園では地域の指導機関の指示に従いますが、未熟な果房は収穫しないようにします。

台風が通過後、園が滞水している場合は、速やかに排水をします。結果母枝や新梢が棚から外れている場合は再誘引し、カサをかけ直します。房をチェックして葉ズレや裂果、打撲のひどい果粒があれば摘粒します。

雹害

地上の気温が高い日に上空に寒気が入ってくるような条件で、とくに6～7月に降雹《こうひょう》による被害が多く見られます。事前の対策としては防雹ネットの設置が有効ですが、降雹の頻度は少ない地域では現実的ではなく、事後対策が中心となります。

事後対策は生育ステージに合った対応となります。枝葉の損傷が大きい場合は、薬剤散布と摘心などの新梢管理が必要です。果房では被害程度を確認し、裂果や打撲がひどい果粒は摘粒。袋かけを終えている果房も袋内を確認してキズがある果粒は除去します。

大雨（裂果）

成熟期の前、または成熟期にまとまった降雨があると、果粒に過剰な水分が入り裂果が発生します。とくに、高温乾燥が続いた後の大雨は裂果を助長します。また、成熟期に曇雨天が長く続いた場合にも葉からの蒸散が抑制されて裂果が助長されます。

極端な乾燥状態にならないように、定期的に灌水をおこなうようにします。また、成熟期には蒸散器官である葉を一気に減らさないように極端な新梢管理は控えます。

長期的には土壌の物理性を改善し保水性や透水性をよくしたり、暗渠や明渠などを設置し園に滞水しないよう排水対策を講じます。

大雪

天気予報の積雪に関する情報に注意し、降雪のおそれのある場合には事前に対策を講じておきます。とくにハウス栽培では補強に万全を期すとともに、被覆前の場合は被覆時期を延期したり、被覆直後で低温に遭遇しても影響がない場合はビニールの巻き上げや除去も選択肢の一つとなります。

加温を開始しているハウスでは、加温による融雪効果は着雪してからでは効果が劣るので、降雪直後から加温を始めます。カーテンがある場合は、カーテンを開放して屋根の融雪を促すようにします。

雨よけハウスではビニール、防鳥網は必ず撤去するか巻き上げておきます。

病虫害の症状と防除法

どんなに病害虫に強い品種を選んでも、温暖で多湿のわが国の気象条件下では病気や害虫が少なからず発生してきます。

家庭で小規模に育てている場合には、病気や害虫の被害を早期に発見し被害の枝や葉、果房などを除去する物理的防除法で被害の程度を軽くすることができます。

一方、栽培規模の大きい経済栽培園では、長年栽培している間に病害虫の生息密度は高まっています。とくに古い産地ではこの傾向が顕著です。このため、薬剤による防除なくしては、品質の高い果房を毎年安定して生産することは非常に困難になります。

病害虫を防ぐためには、薬剤による化学的防除のほかに、粗皮削りや花カス落としなどで病害虫の生息密度を少なくする耕種的防除方法や、カサかけや袋かけにより病気の感染から守る物理的防除方法など薬剤を使わない方法があります。後に解説しますが、なるべくこのような管理に励み、できる限り病害虫の発生を少なくし、薬剤の散布は最小限にとどめたいものです。

ここでは、ブドウの主要病害虫の症状や防除法について解説します。なお、農薬名については、農薬の変遷が多く、また、地域によっては薬剤耐性の問題もありますのでここでは省略します。

主な病害の症状と防除法

べと病　病原菌 *Plasmopara viticola*（べん毛菌類）

症状

葉の病斑は、初めは輪郭がはっきりしない淡黄色の斑点です。その後、葉裏に白色のカビが生じます。うどんこ病に似ていますが、毛足が長いのが特徴です。開花前に花穂が冒されると、全体に正気を失い、表面に白色のカビが生じます。その後は褐色に壊死します。曇雨天が続く年に発生が多く、花穂や幼果に発病すると壊滅的な被害になります。

生態と防除

生育期の防除開始時期がきわめて重要です。具体的には展葉5～6枚頃に予防散布をおこないます。以降は定期的（10日間隔を目安）に予防散布をおこないます。この初期の防除が遅れ、花穂や幼果に発病すると被害は甚大になります。とくに欧州種は発病しやすいので注意が必要です。

病原菌は落葉の組織内で卵胞子の形で越冬します。卵胞子の寿命は長く、土中でも2年間は生存可能とされています。このため、落葉や剪定枝は園外に持ち出し、処分し菌密度を下げることが重要です。

べと病

晩腐病

晩腐病　病原菌 *Glomerella cingulate*（子のう菌類）*Colletotrichum acutatum*（不完全菌類）

症状

病名が示すとおり、成熟期になってから果粒に発病します。幼果に発病すると小さい黒点病斑を生じますが、この病斑は果粒軟化期までは拡大しません。果粒軟化期以降、果粒の糖が増加し酸が減少してくると腐敗型の病斑を形成するようになります。

病斑上には鮭肉色のネバネバした胞子塊を生じます。病斑が拡大すると果皮にしわがより、やがてミイラ果となります。

生態と防除

病原菌は結果母枝や果梗の切り残し、巻きひげなどの組織内に菌糸の形態で越冬します。このため、伝染源となる果梗の切り残しや巻きひげはきれいに取り除きます。

春先に降雨で枝が濡れ、平均気温が15℃ぐらいになると胞子が形成され、雨滴で伝染します。休眠期防除や生育期の薬剤防除はもちろん重要ですが、果房に雨滴を当てないようにすることが最も重要な防除法です。

カサかけや袋かけはなるべく早い時期からおこない、摘粒が遅れるような場合にはロウ引きカサをかけ雨滴から果房を守ります。

黒とう病（シャインマスカット）

黒とう病　病原菌 *Elsinoe ampelina*（子のう菌類）

症状

新梢や葉、巻きひげ、果粒など、とくに軟弱な組織に発病します。葉では褐色の小さな斑点が現れ、その後2～3㎜の円形病斑に拡大します。幼果に発病すると、初めは円形の黒褐色の斑点で、後に拡大して中央部は灰白色、周辺部が鮮紅色から紫黒色の2～5㎜の病斑となります。米国系の品種に比べ欧州系品種で発病しやすい傾向があります。

生態と防除

病原菌は結果母枝や巻きひげなどの病斑組織内に菌糸の形で越冬します。発芽期頃の降雨で病斑部が濡れると、その上に胞子が形成され、これが一次伝染源となり、雨滴より新梢や若い葉などに感染します。

この一次感染源に近い場所にある新梢や果房などに多発します。防除にあたっては、剪定時には病斑のある結果母枝や巻きひげを剪除することがポイントとなります。

発生してからでは防除が困難となりますので、伝染源の除去と発芽前の休眠期防除が重要となります。

うどんこ病　病原菌 *Uncinula necator*（子のう菌類）

症状

新梢や葉、幼果などに発病します。葉では、初め3～5㎜の円形で黄緑色の斑点を生じ、後に表面に白色のカビを生じます。果房では、果粒や穂軸に灰白色のカビを生じます。

黄緑色の品種ではカビの跡が褐色のカスリ状となるため外観を著しく損ねます。米国系品種に比べ、欧州系品種で発病が多い傾向にあります。

生態と防除

病原菌は、主に芽の鱗片内で菌糸の形で越冬していると考えられ、胞子は風で飛散しやすく、春先から初夏にかけて湿度が高く気温が高めで推移する年に発生が多い傾向にあります。

薬剤による防除効果が高いので、防

除をしっかりおこなえば大きな被害を受けることは少なくなります。

灰色かび病　病原菌 *Botrytis cinerea*（不完全菌類）

症状

花穂や幼果、成熟果、葉などに発病します。花穂では穂軸や支梗などの一部が淡褐色になって腐敗し、湿度が高い場合には灰色のカビを生じます。

幼果では花冠などの花カスが付着していると、これに菌が寄生して褐変、腐敗したり、サビ果の原因になります。成熟果では裂果から発病することが多く、裂果した傷口に多量のカビが生じます。

灰色かび病

生態と防除

病原菌は前年の被害残渣《ざんさ》に菌糸や菌核の形で越冬し、春先に胞子を形成します。この胞子が風雨により飛散し傷口や組織の柔らかい部分から侵入し発病します。風により張り線などに接触して傷ついた花穂などに多く発生します。このため、強風で傷ついた場合には防除を徹底します。また、花カスは発生を助長するのできれいに落とすようにしましょう。

なお、薬剤防除では、耐性菌対策として系統の異なる薬剤のローテーション散布を基本とします。

つる割病　病原菌 *Phomopsis viticola*（不完全菌類）

症状

新梢や古づる、葉、果房などに発病します。新梢では基部に黒褐色の条斑が一面にでき、折れやすくなります。若葉では、初め小さな斑点が現れ、この部分を中心に淡黄色に透けて見えます。葉の初期症状は黒とう病に似ていますが、つる割病の病斑は小さく条線状に隆起して鳥の眼状にならないので区別できます。古づるでは縦に割れ目がいくつも入り、病状が進むと2～3年後にはここから先は枯死します。

生態と防除

結果母枝の古い病斑組織中で菌糸や柄子殻《へいしかく》（胞子の器）の形で越冬し、春先に胞子が出て風雨により飛散します。防除では病気にかかった枝や枯れ枝を剪除することがポイントになります。発芽期になって枯死する結果母枝についても見つけしだい剪除するようにします。

さび病　病原菌 *Pnakopsora meliosmae-myrianthea* など（担子菌類）

症状

主に葉に発病します。葉裏に形成された胞子がオレンジ色の粉状になって現れます。直接果房を加害することはありませんが、多発した場合は早期落葉を起こすので、品質低下を招きます。欧州系品種よりも米国系品種や巨峰群品種で発生しやすい傾向にあります。

生態と防除

病原菌は、葉上に形成された冬胞子が落葉上で越冬します。翌春、発芽して小生子《しょうせいし》を生じ中間寄主のアワブキなどに寄生し、そこにできた胞子が第一次伝染源となります。

防除ではアワブキなどの中間寄主をなくすことが一番ですが、現実にはむずかしいので生育期の薬剤散布で防除します。とくにボルドー液は予防効果と残効に優れますので、生育期後半に散布すると効果的に防除できます。

さび病

主な虫害の症状と防除法

チャノキイロアザミウマ

Scirtothrips dorsalis Hood

症状

被害は吸汁により果実や茎葉に現れます。若葉では葉脈に沿って茶褐色となります。果房の被害は穂軸が褐変し、果粒では灰白色または褐色のカスリ状の傷跡を生じてひどい場合はコルク化し果粒肥大が妨げられます。

生態と防除

鱗片の内側や樹皮の割れ目などで成虫の形で越冬します。越冬した成虫は新梢に産卵し、その幼虫が穂軸や果粒を加害します。加害は5月から収穫直前までと長いので定期的な防除が必要となります。

袋をかけて栽培する場合は、とくに袋かけ前の防除をしっかりとおこない、散布後はなるべく早く袋かけをおこないます。袋の中に虫が入らないように留め金はしっかりと固定してください。

クワコナカイガラムシ

Pseudococcuc comstocki (Kuwana)

症状

幼虫や成虫が果房や葉などに寄生して吸汁し、寄生した部位には排泄物によりすす病が発生します。とくに果房に寄生した場合には内部が黒く汚染され、商品価値はなくなります。

中齢幼虫および成虫は白色のワラジ型で、虫体の側面には周縁毛があります。分泌物により全体に白く粉をふったように見えます。

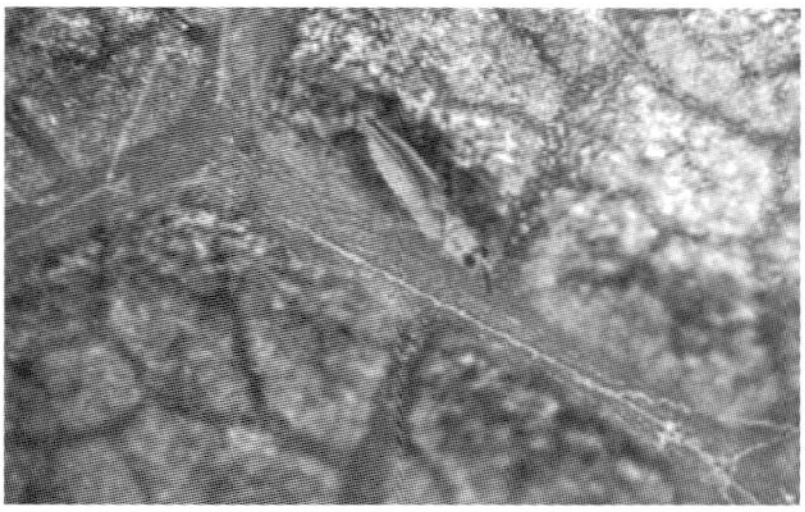
チャノキイロアザミウマ

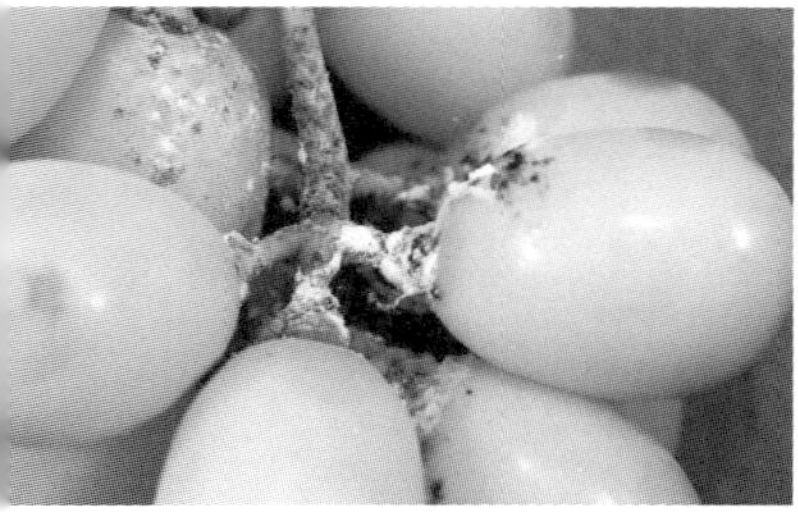
クワコナカイガラムシによる被害

チャノキイロアザミウマによる被害

ブドウトラカミキリムシ幼虫

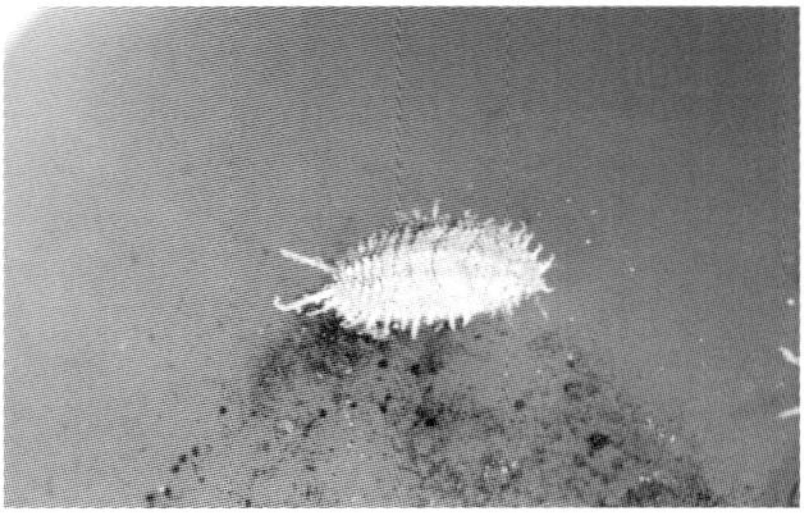
クワコナカイガラムシ

ブドウトラカミキリムシ成虫

生態と防除

粗皮下で卵の形で越冬し、年3回発生します。卵は卵のうと呼ばれる綿状の分泌物の中に産まれます。卵から孵化した幼虫は新梢に歩行移動し、初めは葉裏に寄生します。発育が進むと新梢基部や果房へ移動し、集まって寄生吸汁します。

果房に寄生した幼虫は発育して果房内に産卵しますが、孵化した幼虫の排泄物により果実が汚染されます。防除では休眠期に粗皮削りをおこない、越冬密度を下げることが重要です。

ブドウトラカミキリ

Xylotrechus pyrrhoderus Bates

症状

越冬幼虫が枝の表皮下を食害します。結果母枝に幼虫が入っている場合は、新梢の生育初期に加害部より先の新梢が急にしおれ枯死します。2～3年枝では枯死はしないもののヤニをふいていることが多いです。

加害を受けた結果母枝は休眠期には節の部分が黒くなり、ナイフで削ると食害部には虫ふんが見られ、その先に幼虫がいます。

生態と防除

成虫の発生は8~9月に多く、節の近くに産卵します。孵化した幼虫は表皮下に入り、食害を始めます。越冬した幼虫は4月頃から活発に食害し、枝の中で蛹化《ようか》し羽化します。防除は成虫発生期または休眠期の薬剤散布でおこないます。

休眠期の防除では浸透性展着剤を加え、古づるや結果母枝によくかかるように散布します。被害が発生した園では剪定枝を放置せずに適切に処理することも重要です。

クビアカスカシバ

クビアカスカシバ

Toleria romanovi (Leech)

症状

被害は主幹部や太枝の粗皮下に多く見られます。木部を溝状に食害し、被害部にはヤニや虫ふんが多く見られます。食害により樹勢の低下が著しく、若木では枯死に至ることもあります。一度被害を受けた部位には翌年も成虫が飛来して、ふたたび被害にあう場合が多いです。

生態と防除

成虫の外見はスズメバチによく似ています。幼虫は若齢期には乳白色ですが成熟してくると桃紫色になり、体長は40㎜にも達します。終齢幼虫が秋に樹上から土中に移動しマユをつくり、この中で越冬します。主幹部や太枝の粗皮削りをおこなうことで被害を減らすことができます。薬剤散布では、主幹部や太枝にも十分にかかるようにていねいにおこなってください。

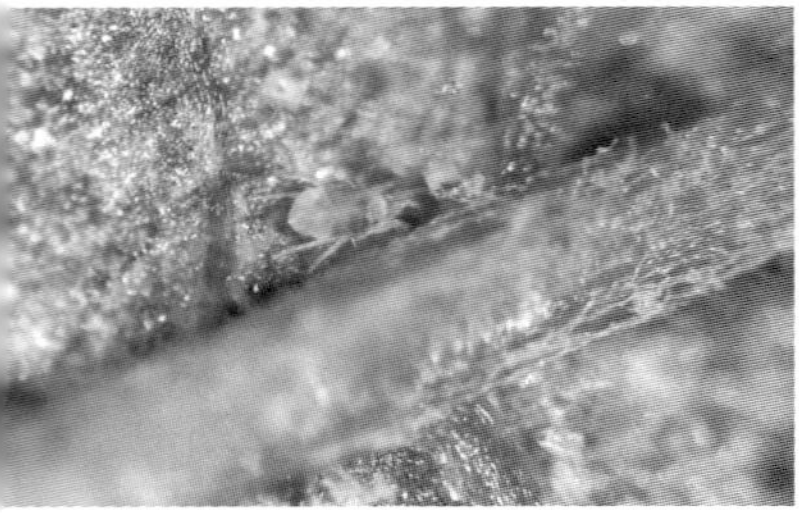

ハダニ

ハダニによる果粒被害

ハダニによる被害

ハダニ類（ナミハダニ *Tetranychus urticae* Koch　カンザワハダニ *Tetranychus kanzawai* Kishida）

症状

被害は葉に発生します。吸汁された部位は茶~赤褐色になり、被害が進行すると葉脈間の一部、または全体が茶褐色になります。被害が進んだ葉は緑色が淡くなり全体がくすんだように見えます。

ナミハダニでは増殖すると盛んに糸を出し蜘蛛の巣状に網を張った被害が見られます。露地での発生は比較的少なく、施設栽培で多発する傾向があります。

生態と防除

成虫が樹上や下草などで越冬します。多くの場合、下草で増殖したものが歩行移動してブドウ樹に寄生します。卵から成虫までの日数は25℃で約10日と短期間で急激に増加します。密度が高くなると防除が困難になるので、初期の防除が重要となります。

樹皮の粗皮削り

病害虫の防除方法

耕種的防除方法

粗皮削り

幹の外側の古くなった樹皮を、カンナなどで削り取る作業が粗皮削りです。粗皮の下には、ハダニ類やカイガラムシ類が越冬していますので、粗皮削りはこうした害虫の防除にはとても有効です。剪定作業が終わった時期に、なるべくていねいにはぎ取るようにしましょう。

粗皮をはぎ取る

巻きひげや果梗の切り取り

ブドウの新梢には巻きひげが発生しますが、巻きひげには晩腐病や黒とう病の菌がつくことがあります。巻きひげは棚に絡みつくと木質化して切り取ることが大変になりますので、生育期の管理作業の中で、気がついたら切り

木質化した巻きひげ

果梗の切り残し

落とすようにしましょう。

また、収穫した後の果梗の切り残しも病気の感染源になります。収穫時には果梗を切り残さないように根元から切るようにしますが、残っている場合は見つけしだい切り取るようにしましょう。

落ち葉や剪定枝の処分

落ち葉にはべと病やさび病などの病原菌が付着していて、翌年の発生源になります。

また、剪定して切り落とした枝の中にもさまざまな病気やブドウトラカミキリ、ブドウスカシバなどの害虫が寄生している可能性があります。このため、落ち葉や剪定枝は焼却するか園（庭）から持ち出して処分してください。

幹のまわりは清潔に

幹のまわりに雑草が生えていると、コウモリガやクビアカスカシバなどの害虫が潜みやすくなります。園の全面を除草する必要はありませんが、幹のまわりは除草し清潔にしておきましょう。

物理的防除

カサかけ・袋かけの項でも述べましたが、病気のほとんどは雨滴で感染しますので、できるだけ早くカサかけや袋かけをおこなって果房を雨から守るようにします。

地域によっては、カメムシ類やアケビコノハなどの蛾の仲間が果汁を吸いに集まってきます。1㎝四方のメッシュで樹体を覆うとこれらの害虫の被害を防ぐことができます。

薬剤散布

上記のような耕種的防除や物理的防除に取り組んだとしても、薬剤散布をおこなわなければならない状況もあります。

ブドウに登録がある薬剤は数多くあり、防除対象の病気や害虫により散布する薬剤は異なります。公的指導機関やJA、園芸店、ホームセンターなどに相談して、病害虫に応じた薬剤を選択するようにしましょう。希釈濃度や散布量は薬剤の説明書に詳しく書いてあります。

濃度や薬量をまちがうと葉や果房に薬害を起こすおそれがありますので、使用方法は必ず守るようにしてください。

第８章

施設栽培と根域制限栽培

ハウスにおける根域制限栽培

施設栽培の目的と作型

施設栽培とは、ガラス温室やビニールハウスなどによって、環境条件をコントロールして作物が本来生育しにくい時期や場所で生産をおこなう技術です。ブドウにおける施設栽培は、野菜類などの導入から数年遅れて、昭和32年頃から「デラウェア」や「キャンベルアーリー」で施設化が試みられ、ハウス栽培が始められました。

生育の前進化をはかることができ、労力分散や収益性を向上させるハウス栽培は、現在では超早期加温から無加温まで多様な作型が定着しています。

施設化のねらい

施設化を進めることにより、出荷時期の前進化や果実品質の向上、気象の影響を受けないことによる生産の安定、また労働時間の分散が可能となりますが、最も大きなねらいは「経営の安定」であると思います。

経営の安定のためには、「栽培面積を増やし、所得の向上をはかる」ことが考えられますが、ブドウでは房づくりや摘粒、ジベレリン処理などの果房管理が短期間に集中するためこの時期の労力確保がむずかしく、経営規模拡大の大きな阻害要因になっています。

そこで、既存の栽培圃場から収益を上げていく集約的な経営、施設化を進めることが経営の安定につながるものと考えられます。

施設の作型

ハウス栽培の作型を大きく分けると、「加温」、「半加温」、「無加温」の三つに区分されます。さらに「加温」は超早期、早期、普通加温に分けられます。**図8-1**に山梨県における「デラウェア」の標準的な作型を示します。

超早期加温・早期加温

山梨県では11月下旬から12月に被覆し、12月に加温を始める作型です。低温遭遇時間が少ない時期からの加温ですので、シアナミド剤（発芽促進剤）による休眠打破処理をおこなう必要があります。

また、地温が低い時期であるので、高温・高湿処理により地温の上昇をはかり、根の活動を促す管理が必要になります。収穫時期は4月上旬から5月になります。

普通加温

7・2℃以下の低温積算時間が1000時間を超えた時期に加温を始める作型です。被覆時にはほぼ自発休眠が

図8－1　山梨県におけるデラウェアの栽培型

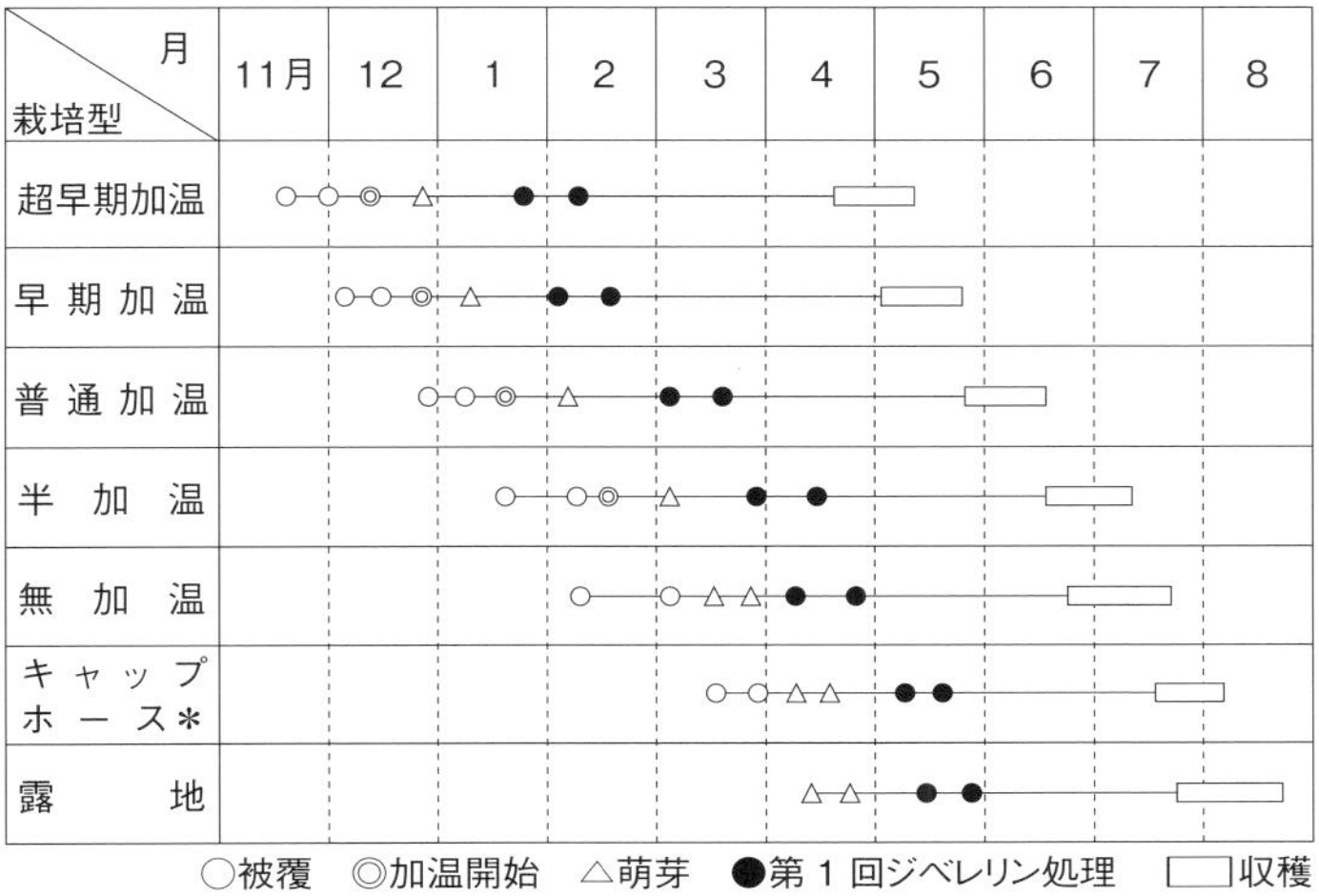

注：①『改訂 ぶどうの促成栽培』（山梨県果樹園芸会）より
②＊は露地作の結果母枝を専用ビニールホースで覆い、発芽を早める作型

完了していることから、高温に遭遇すると発芽できる状態になっています（ただし、発芽率を高めるためにシアナミド剤などの発芽促進剤の処理はおこなわれています）。収穫時期は6月上旬以降となります。

半加温

加温開始時期は2月上旬以降で、発芽までは夜温を10℃程度、発芽期以降の夜温を5～8℃に保ち、着色期以降は外温とする作型です。

開花期が4月中旬から5月上旬になるため、曇雨天の日は温度が確保しにくく、花ぶるいには注意が必要です。

この時期は最高気温と最低気温の差が大きく、温湿度管理は加温ハウス以上に注意する必要があります。収穫時期は6月下旬から7月上旬になります。

無加温

加温せずに被覆のみをおこなう作型です。被覆の方法は棚上被覆に近いものから加温栽培のできるものまでさまざまです。

着色期が日中高温になりやすい時期にあたるので、被覆フィルムの開閉などはとくに注意が必要です。収穫は7月上旬以降となり、露地栽培とのつなぎ的性格になります。

施設化を進めるときの留意点

労働時間の配分

施設化を進めることにより、労働時間の配分が大きく変化します。作型が前進するため当然ながら早い時期から労働が必要になり、新たな労働時間の競合が生じることがあります。

とくに施設の収穫時期と露地栽培の果房管理時期が重なる5～6月には労働力がピークになることが多いので注

意が必要です。

新たな栽培技術の習得

温度管理や灌水、樹勢維持など露地栽培とは異なる技術の習得が必要になります。とくに作型を前進させた栽培では、「電照」や「二度切り」などより高度な栽培技術が必要となります。技術内容を十分に理解したうえで取り組む必要があります。

資金と経費

施設化には多額な資金が必要になります。また、燃料費や被覆資材などのコストもかかってきます。このため、これらの経費に見合った収益が確保できるかどうか、投資した資金が回収できるかどうか、施設導入前に十分な検討が必要になります。

なお、農家向けには有利な各種制度資金がありますので、地域の指導機関に相談するとよいでしょう。

施設栽培での生育と管理

普通加温栽培の管理例

ハウス栽培では、先述したように超早期加温栽培から無加温栽培までいくつかの作型があります。

一般に、作型が早くなるほど栽培がむずかしくなり、二度切りなどの技術が求められるほか、燃料費や二酸化炭素などの経費の割合も大きくなります。

したがって、作型を決定するさいは、自己の技術力、経費、収益性、労力配分などを十分に考慮し、安定栽培が可能な作型を選ぶようにしましょう。

ここでは、山梨県においておこなわれている「種なし巨峰・ピオーネ」普通加温栽培に絞って、管理のポイントについて紹介します。

被覆直後から発芽までの管理

被覆後は棚面の温度は上昇します。一方、地温は低い状態なので、芽の生育が促進されても、根の生育が芽ほどは進みません。このため、新梢伸長の停止などの生育障害が発生しやすくなります。

このことから、根の生育を促すための地温確保が重要となります。被覆直後はたっぷりと灌水をおこない、圃場の乾燥状態を見ながら、適宜灌水（10～20㎜）をおこない、地温の上昇に努めます。

また、普通加温においても遅い作型ほど、高温や乾燥による発芽率の低下や生育不ぞろいなどの生育障害が発生しやすくなります。

ハウス外観

このため、萌芽期までは一日に2～3回程度、枝散水をおこなうようにします。枝散水は、上昇しすぎたハウス内の温度を下げるだけでなく、ハウス内で暖まった水が地面に落ちることで、地温の上昇にもつながるといった効果もあります。

ハウス内の温度調節は、灌水や枝散水でおこなうことを基本とし、省エネ面や萌芽・新梢の生育をそろえる面からも換気による調節は極力おこなわないようにします。ただし、灌水や枝散水では温度が下がらず、やむをえず換気する場合は、新梢に冷気が直接当たらないように注意します。

なお、換気は、地温の低下を避けるためにも、サイド換気は避けて、天窓換気とします。

発芽期以降の管理

樹勢は強めに維持し、開花前に新梢伸長を促すことが重要となります。ただし、極端に樹勢が強い場合は、房型が乱れたり、果粒肥大不足となるため、開花期の新梢長が80～90㎝程度となるように管理します。

芽かきは、花穂の良否が確認できるようになったら随時実施します。極端に強い新梢や極端に弱い新梢などは、開花期頃までに整理し、各新梢の生育をそろえるようにします。

開花前から開花期の管理

摘房・房づくり

摘房は房づくりと同時期に実施しますが、樹勢が弱い場合は早めに、樹勢が強い場合は結実確認後におこなうなど樹勢の程度に応じて調整します。

摘房は、房型のよいものを中心に残します。着房数の目安は、おおむね最終着房数の2～3倍とし、強い新梢では2房、中庸な新梢では1房、弱い新梢では空枝とします。

房づくりは、花穂上部が1～2輪咲

房づくり後のピオーネ

き始めた頃からおこないます。房づくりの長さは「巨峰」で4㎝、「ピオーネ」で3・5㎝を目安とします（第4章75頁以降の巨峰・ピオーネの房づくりを参照）。また、着粒確保をはかるため、房づくりの頃、強く伸びている新梢は、先端を軽く摘心します。

1回目ジベレリン処理

処理濃度は、ジベレリン25ppmにフルメット液剤5ppmを加用しておこないます。

処理適期は、房づくりをした花穂が、満開（完全に咲ききった状態）～満開3日後となります。ハウス栽培では、開花期がバラつきやすいため、処理適期となった房から順次処理をおこなうようにします。処理時期が早いと果房の湾曲、果粒の変形等、房型が乱れやすいため、適期処理を心がけましょう。

ハウスでのジベレリン処理

図8－2　ハウス種なしピオーネ・巨峰栽培基準

生育相		開花始め～第1回ジベレリン処理	落果結実～果粒肥大期
温湿度体系	昼　温	28℃	30℃
	夜温（変温）℃ 20 15 10 時間	20℃　18℃　15℃ / 16　18　3　7	22℃　20℃　18℃ / 16　18　22　7
	湿　度	50%	50～60%
灌　水		散水程度	20～25㎜

ハウス栽培は、露地栽培に比べてとくに生育差が生じやすく、ジベレリン処理期間が長期にわたる傾向にあります。早くジベレリン処理した房は、早く成熟するため、処理時期ごとに色の異なるクリップ等を房につけておくと、収穫期の目安になります。

温湿度管理の留意点

温湿度管理は、栽培基準に準じておこないます。開花始め～第1回ジベレリン処理時期は、日中にハウス内が高温とならないよう注意し、昼温28度を目安に管理します（**図8・2**）。また、結実期においては、日中30℃以上の高温になると、果粒肥大に悪影響を及ぼすので、こまめに換気をおこなって温度上昇を防ぐようにします。

なお、開花前にハウス内が極端に乾燥すると、樹勢の強い樹などで落蕾を招きやすいうえ、ジベレリン処理効果が低下するため、開花前から定期的に灌水をおこないます。

落蕾が激しい場合は、開花始め期にフルメット2～5ppmで花房浸漬処理をおこなうと結実確保に効果があります。

果粒肥大期の管理

果粒の初期肥大を促すためにも、十分な灌水と適切な温度管理に努めましょう。土壌の乾燥状況を確認しながら、1週間間隔で20～25㎜程度の灌水をおこないます。

摘房

果房の生育が不ぞろいになりやすいため、生育をそろえ、果粒肥大を促進する目的で、結実が確認しだい摘房をおこないます。

摘房は、新梢の伸び具合や房型、果粒肥大を確認しながらおこない、房型の悪いものや密着していて摘粒時間を要するものなどを優先的に、新梢の伸長や樹勢を見ながら数回に分けておこない、着色期までには終わらせるようにします。

第2回ジベレリン処理以降も旺盛に伸長している場合は、新梢の先端や副梢を随時摘心し、着色始め前までに新梢の勢いを落ち着かせます。

摘粒

予備摘粒、仕上げ摘粒、見直し摘粒と3回に分けて実施します。

予備摘粒は、小粒果や内向き果を中心に取り除き、第1回ジベレリン処理後から第2回ジベレリン処理までにおこないます。なお、大房となっている場合は、上部支梗の切り下げや房尻の切り詰めにより軸長を調節し、目標となる房型にしてから摘粒をおこなうようにします。

仕上げ摘粒は、第2回ジベレリン処理以降におこないます。残す果粒は、小果梗が太く果托が大きい果粒とし、出荷目標に合わせた粒数になるよう調整します。円筒形で密着した果房になるようにするため、肩の部分は3～4粒程度上向きの果粒を残して軸をくるむようにします。また、房尻を切り上げて整形した場合は、下部に果粒を多めに残し、房尻がまとまるようにします（第4章90頁以降の巨峰・ピオーネの摘粒の方法を参照）。

見直し摘粒は、遅れれば遅れるほど果粒が肥大するため作業効率が悪くなります。また、ブルームを落としてしまうことによる果実品質の低下という弊害も出てくるため、遅れずに実施しましょう。

摘粒のさいは、果粒にハサミ傷をつけないよう注意するとともに、果粒を傷つける原因となる小果梗は切り残さないようにしましょう。

着色期の管理

気温の上昇とともに、日中はハウス内の温度が30℃を超えるような日も出てきます。一方、夜温は十分に下がるため、着色は問題とはなりにくいのですが、果粒肥大期から着色始め期に極端な高温に遭遇させてしまうと、葉焼けや着色遅延、果粒肥大不足などの悪影響が出やすいことから、天窓、サイドの換気などを適宜おこない、温度管理に十分注意します（**図8-3**）。

日中の温度は、28～30℃を目安に管理し、高温にならないように注意しましょう。一方、夜温は、果粒肥大を促進させるため、収穫終了まで最低温度18℃を確保するように努めます。

灌水は、果粒肥大期から着色始め期までは、土壌の乾燥状態を確認しながら、7日間隔で20～25㎜を目安におこないます。着色期以降は、極端な灌水をおこなうと、裂果や食味の低下、着色遅延などの原因となるため控えめにします。

図8－3　着色期の管理

ハウス種なしピオーネ・巨峰栽培基準

生育相		落花結実～果粒肥大期	着色始め～収穫終了まで
温湿度体系	昼温	30℃	30℃
	夜温（変温）（℃ 20・15・10）	22℃ → 20℃ → 18℃	22℃ → 18℃
	時間	16　18　22　7	16　18　7
	湿度	50～60%	50%
灌水		20～25㎜	20㎜

出荷姿のピオーネ（ハウス）

収穫期の管理

梅雨期に入り、曇雨天が続くとハウス内の湿度が上昇し、病害が発生しやすい環境となります。ビニールマルチの設置、循環扇の活用、加温機の空回しなどにより、ハウス内の湿度を下げ、病気の発生防止に努めましょう。

また、梅雨の晴れ間は高温に遭遇しやすくなります。着色期に入っている場合は、30度以上の高温に遭遇すると着色不良、着色遅延などの高温障害を招きやすいため、日中の温度は30度を超えないよう注意して温度管理をおこないましょう。

収穫後の管理

収穫後は、樹勢の回復と貯蔵養分の十分な蓄積をはかるため、葉を健全に保つような管理に努めます。露地栽培の管理作業が忙しい時期と重なり、ハウスまで手が回りにくいかと思いますが、収穫後の管理は翌年の作柄に大きく影響しますので、ぜひとも実施していただきたいと思います。

定期的な灌水

着色期から収穫期までは灌水を控えていたため、土壌は乾燥気味になっています。このため、７日間隔で20〜30㎜程度の灌水をおこない、乾燥状態を解消します。

また、ビニールマルチを除去し、除草を兼ねて中耕をおこないます。中耕のさいは、主幹部周辺の太根を傷めないように注意しましょう。

収穫期のピオーネ（ハウス）

土壌が硬く締まって透水性が悪くなっている場合は、バンダーやグロースガンなどを利用し、土壌の物理性を改善することも効果的です。なお、実施した場合は、十分な灌水をおこなうようにします。

樹勢の回復

ハウス栽培は、露地栽培と比較して樹勢が衰弱しやすくなります。葉色が悪い場合は、窒素系の葉面散布剤を７日間隔で２〜３回散布し、回復をはかります。

また、樹勢が弱い場合は、収穫終了後10日程度の間に速効性肥料を窒素成分で10ａ当たり２〜３kg施用し、施用後は灌水をおこないます。ただし、樹勢が弱くない樹に施用すると遅伸びさせてしまうため、施用は樹勢の弱い樹のみにおこなうようにします。

被覆資材の除去

収穫後すぐに天井部分の被覆資材を除去すると、急激な蒸散による葉の老化、降雨による病気の発生などの弊害が懸念されます。

そのため、八方（四方と四隅）やサイドなどの被覆資材は早期に除去してもよいのですが、天井部分については、収穫終了後一か月以上もしくは梅雨明け後を目安として除去します。

遅伸び防止

樹勢が旺盛で収穫後に遅伸びしているような園では、そのまま放置しておくと新梢の充実や翌年の花芽形成に悪影響を及ぼします。定期的な摘心と誘引で徒長を抑えて棚面を明るく保ち、枝の登熟をはかるようにします。

間伐・縮伐

ハウス栽培では、収量確保や樹勢維持を目的として、露地栽培より密植傾向である場合が多いと思います。そのため、樹冠拡大とともに枝が重なり、棚面が暗くなることで、着色や果実品質および結果母枝の生育に悪影響を及ぼす場面も多くあります。

縮伐・間伐をこの時期におこなう利点としては、葉が残っている時期に実施すると、落葉後に比べて棚面の暗さを確認しながらおこなうことができること。また、残った葉に十分な光を当てることができ、翌年利用する結果母枝の充実がはかられることです。

縮伐・間伐をおこなった結果、棚面の空きができた場合、樹勢が衰弱した樹から若木への更新を検討しましょう。このとき、ハウス内で若木を育成すると露地に比べて樹冠拡大に時間を要しやすいため、露地である程度育てた若木をハウス内に導入します。

巻き上げ式のサイドレスハウス

土づくりと施肥

ハウス栽培では、加温期間にも有機物の分解が進むことから、露地栽培に比べて有機物の分解が速く、土壌が締まりやすい状況となります。土壌が硬く締まっていると、細根の発生が少なく、根の伸長が悪くなるため、土壌中に十分な養分があっても、養分が吸収されにくく、生育へ悪影響を及ぼしやすくなります。

硬質フィルムを用いたサイドレスハウス

このため、堆肥などの有機物の施用や深耕などにより土壌の物理性の改善をおこない、通気性、保水性、保肥力の向上に努めます。

ハウス栽培では肥料の年間の消費量は、露地栽培に比べ2～3割多いと考えられています。

施用時期は、肥料成分の分解期間などを考慮して、被覆の2か月前までに施肥をおこなうことが望ましいでしょう。このとき、年間施肥量の7～8割程度を施用し、残りの2～3割は尿素や硫安などの即効性肥料を収穫後に礼肥として施用します。

ハウス・器機の点検

ハウスの点検・補強

図８－４　ハウスの補強

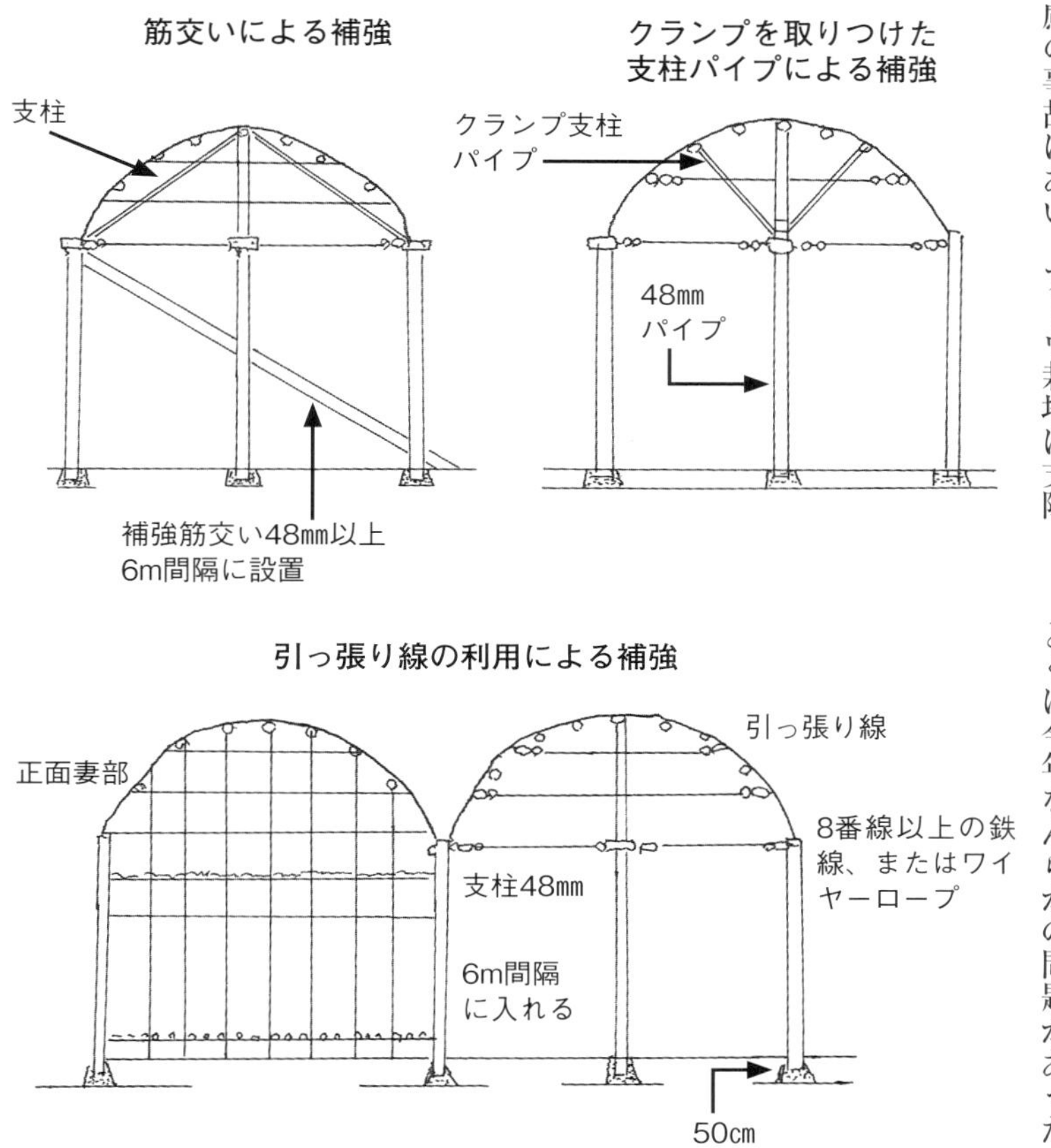

ハウスは、長年使用していると、経年劣化により施設や機械に不具合が出ることが心配されます。生育期間中に不慮の事故にあい、ブドウ栽培に支障が出ることのないようしっかりと点検し、状況により適宜補修をおこないましょう（図８・４）。

とくに今年なんらかの問題があった箇所については、必ず点検をし、必要に応じて補修をおこなうようにしてください。地際や接合部分などは、腐食が進みやすいため、重点的に点検をします。

また、雨水がたまりやすい部分もしくは乾きにくい部分は錆びやすいため、サビ落としやサビ止め剤の塗布をおこなうようにします。

加温機などの点検・清掃

ハウスの点検と併せて、加温機、炭酸ガス施用機、撹拌扇などの点検および清掃をおこないましょう。とくに加温機は、生育途中に故障や煙突の外れ、不完全燃焼などのトラブルが発生すると、生育や収量に多大な影響を及ぼします。

そのため、加温機の稼働前には、必ず清掃と専門業者によるバーナーの状況、排気漏れなどの点検を実施してください。煙突に穴などの破損部分がないか、強風により煙突が外れていないかについても注意深く点検します。

被覆資材の選択

被覆資材は数種類あり、それぞれ特徴がありますので、目的に応じて選択します。**表8・1**に透明性（光の透過性）、保温性、耐久性などの特徴を示しましたので、選択のさいの参考としてください。

表8－1　被覆資材の特徴

種類		農ビ	農ポリ	農サクビ	PO
加工性	ベタつき	△	◎	◎	◎
	接着性	◎	△	○	○
物理特性	透明性	◎	○ 紫外線の透過良好	○	○～◎ 経時変化少ない
	強度（常温）	◎	○	○	○～◎
	耐候性	◎	×	△	○～◎
	防塵性	△～○	○	○	○
	流滴性	○～◎	△	○	○
	保温性	◎	△	○	○～◎
展張作業性		◎	○	○	○
コスト		△	◎	○	○
廃棄処理性		×	○	○	○
重さ（比重）		重い（1.35）	軽い（0.94）	軽い（0.92）	軽い（0.96）

注：農ビ→農業用ビニールフィルム、農ポリ→農業用ポリエチレンフィルム、
農サクビ→農業用エチレン酢酸ビニール共重合体フィルム、
ＰＯ→農業用ポリオレフィン系特殊フィルム

資材費削減のため、被覆資材を2年以上使用しているハウスも多く見られます。2年目になると光の透過率が低下するため、内部の光条件が悪化し、生育遅延を招くので、その点を考慮して管理するようにしてください。

ハウス栽培の整枝剪定

整枝剪定の考え方

ハウス栽培は、生育期間が冬から春にあたり、露地栽培に比べて光条件が悪くなることから、樹勢の低下を招きやすく、房持ち、発芽不良などが問題になります。このため、剪定にさいしては、露地栽培以上に前作の剪定程度や樹勢などを十分考慮する必要があります。

ハウス栽培はコストがかかるため、棚を早く埋めたいという意識が働きがちですが、無理な樹冠拡大をおこなうと、樹勢低下や発芽不良を生じやすいため注意が必要です。露地栽培に比べて樹幹面積を小さくして、1本当たり

図8－5　側枝の切り返し剪定

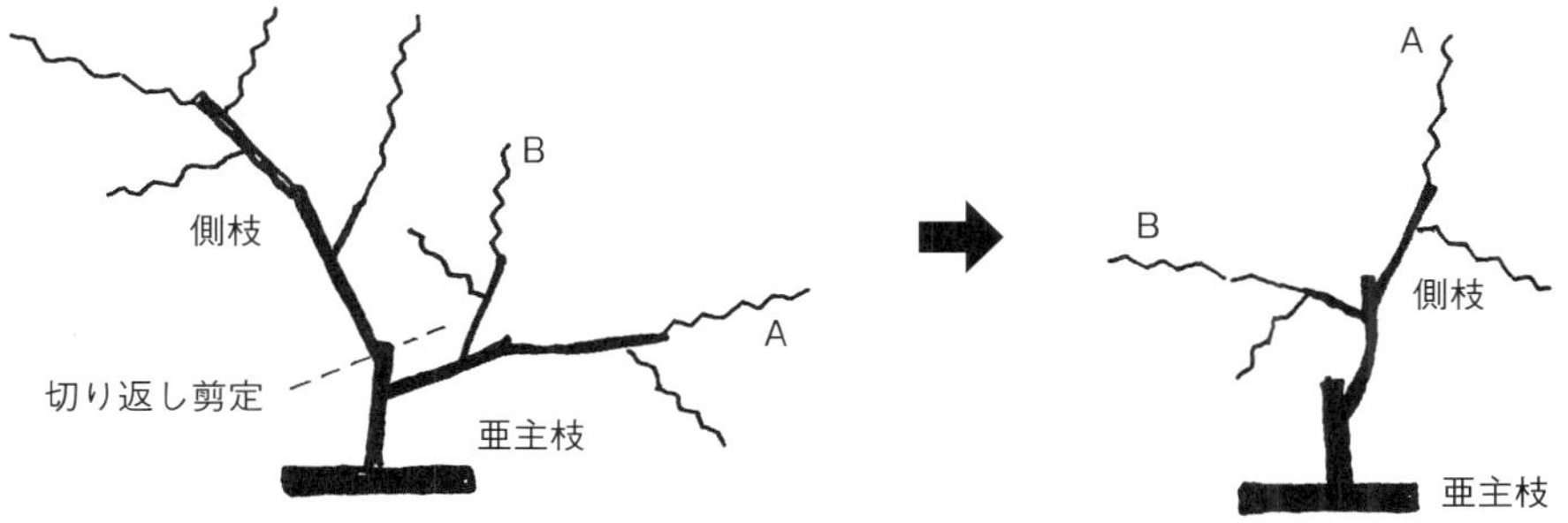

長大化し、結果部位が先へ移行している

切り返し剪定により、結果部位が亜主枝に近くなった

の負担を軽減し、栽植本数をやや多めにして園全体の収量を確保する考え方がよいと思われます。

ただし、極端な密植にしてしまうと棚面が暗くなり、枝の充実不良や果実品質の低下などの悪影響を及ぼすこともあるので注意してください。

実施時期

剪定の実施時期は、完全に落葉してからとなります。落葉前に剪定をおこなうと、枝への貯蔵養分の蓄積が不十分であるため、発芽不良などの生育への影響が心配されます。とくに秋に気温が高めで推移する場合は、落葉が遅れることがあるため、剪定時期に注意が必要です。

成木の剪定

成木は、樹齢が進むにつれて黒づるや負け枝が多くなりやすく、果実品質や樹勢の低下などの問題を生じやすくなります。このため、主枝や亜主枝に近い充実した枝への切り返しをおこなって更新をはかり、できるだけ黒づるを減らすようにします（**図8・5**）。

結果母枝の切り詰めは、枝の太さ、長さおよび登熟具合などにより異なります。切り詰めは、枝の伸長量の4～5割程度を目安としますが、前年の切り詰め程度と本年の枝の伸長程度などにより適宜調整します。残す枝が長すぎると将来的に黒づるになりやすく、新梢のそろいをよくする意味でも、やや強めに切り詰め、枝数を多く残すほうがよいでしょう。

若木の剪定

若木は枝が旺盛に伸びます。剪定は樹形を乱す元となる平行枝や車枝の解消を念頭に置いておこないますが、樹形にこだわりすぎて強剪定とならないように注意します。枝数は多めに残して樹勢を落ち着かせるようにし、新梢管理などで樹勢を調整します。

樹勢が低下している場合

樹に負担の大きい太枝の間引きを避

け、切り返し剪定を中心におこないます。亜主枝や側枝は、なるべく主枝に近づけ、結果母枝は短めに切り詰めて枝数を多く残すようにします。なお、樹勢が極端に低下している場合は、補植を検討してください。

苗木の植えつけ・大苗の移植

なお、露地栽培では、苗木の植えつけや大苗の移植時期が春植えと秋植えの年2回ありますが、ハウス栽培では春植えの時期にすでに加温し、生育期間に入っているため、秋植えのみとなります。

苗木の植えつけや大苗の移植をおこなうときは、植え穴に埋め戻す土と堆肥をあらかじめよく混ぜてなじませておき、植えつけ後にたっぷりと灌水をおこないましょう。

根域制限栽培のシステム

研究場面や観賞用としては、植木鉢のような容器でのブドウの栽培は古くからおこなわれていました。一方、近年、ハウス内においてコンテナや木枠で作成したボックスに植えつけ、根域を制限することで、早期成園化や品質向上をはかる栽培法が開発され、少しずつ普及しています。

コンテナ栽培の利点

コンテナ栽培は地植えと異なり、根が生育する範囲が限られていることから、栽培管理方法も独特なものがあります。しかし、施肥や灌水などの管理が経験や感覚に頼らないでシステマチックにできますので、ある意味では誰にでも栽培しやすい方式といえるでしょう。

肥料や灌水の効果が高まる

おいしいブドウをつくるためには、地上部にある新梢や果房の管理はもちろん、目に見えない地下部の管理も重要になります。しかし、ブドウの根は広く深く広がりますので、灌水や施肥の効果が思ったとおりにいかない場合も多くあります。

一方、コンテナ栽培では根域が限られるため施肥や灌水が集中的に管理できます。生育への効果が確実なものになります。肥料の量も最小限となるため省資源化につながるとともに環境への負荷も少なくすることができます。

果実品質が向上する

土壌中の肥料分をコントロールできるので、中庸な樹勢に導きやすく、強勢な樹に発生しやすい花ぶるいなどの障害を回避することができます。さらに、収穫前の灌水の制限もできるので、糖度が高いおいしいブドウをつくることができます。

コンパクトで単純な整枝になる

地下部の生長が抑えられるので、それに伴って地上部の生長もコンパクトになります。このため、後ほど述べますが、整枝方法も複雑ではなく単純で理解しやすいものになります。

根域制限栽培２年目

コンテナの容量と培養土

コンテナ容量の目安

コンテナの容積が大きいほど、新梢が伸びやすく樹冠は広がり、収量も多くなります。また、果粒の肥大も容量が大きいほど優れます。一方、糖度や着色などの品質の面では、容量が小さいほうが優れる傾向があります。ただし、容量が小さすぎるとすぐに根が回って詰まってしまいます。

摘心などの栽培管理や灌水など取り扱いやすさから見て、容量50～60ℓ程度のものが適当でしょう。具体的には果樹用NPポットとして市販されている60ℓ用（直径515㎜×高さ420㎜）、または45ℓ用（480㎜×380㎜）が利用されています。

成熟した果実（安芸クイーン）

培養土の例

水はけのよい土壌に堆肥を混ぜてつくります。経済栽培をおこなっているコンテナ栽培の培養土は真砂土《まさつち》（花崗岩風化土）を用いています。真砂土が入手できない場合は、川砂に赤土を2割程度混ぜた土壌を用いている場合もあります。

いずれにしても、水はけがよい土壌を用いることが肝要で、重粘土質でなければ身近な土を用いても差し支えありません。堆肥は牛ふん堆肥かバークを容積比で9：1の割合で混ぜます。このときに石灰50～60gとヨウリン25～30gも一緒に混ぜます。

仕立て方法の実際

棚仕立ての場合

棚栽培の場合は、シンプルな片側一文字整枝で仕立てると管理も簡単です。棚上に達するまではまっすぐに誘引し、棚上では水平に誘引し、落葉後に棚上の結果母枝は長さ1m以下、8芽程度残して剪定します。このとき、結果母枝をあまり長く残すと翌春に発生する新梢が弱くなりますので、棚上8芽を限度とします。

大鉢に入れた根域制限栽培

発芽後は、庭植えの管理と同様に、開花始め期に新梢先端を軽く摘心し、副梢も2~3枚残して摘心します。着果量は1新梢に1房、一つのコンテナで6~8房に制限します。

培養土の容量が限られているので、長年にわたって安定的に栽培するためには、1コンテナ当たりの新梢数と収量は厳守してください。次年度以降も、棚上の新梢の数は6~8本、房数も6~8房とします。

剪定方法は、短梢剪定、長梢剪定の両方法ともできます（**図8-6**）。短梢剪定の場合は発生した結果母枝を1~2芽残して切除します。発芽後、房がついていることを確認してから、1芽座1新梢になるように芽かきをおこない、1樹当たりの新梢数を6~8芽に制限します。

長梢剪定では、最も主幹に近い部位から発生している結果母枝まで切り戻し、結果母枝は8芽残して切り落とします。以降も同様に切り戻し剪定を繰り返します。

垣根仕立ての場合

垣根仕立てでも、コルドン（短梢）、またはギヨ（長梢）の剪定方法で仕立てます。枝は地際部から50cm程度のところで、左右二つに分けます。初めの年はどちらか一方に枝を誘引し、副梢を反対方向に誘引し左右に分けます。

この年の剪定では、本梢、副梢とも結果母枝の長さは50cmにします。発芽後は棚仕立てと同様に、左右の結果母枝からそれぞれ3~4本ずつ新梢を発生させます。

発生した新梢は上部に向かって誘引し、開花直前には先端を軽く摘心します。本梢から発生した副梢は2枚程度

図8－6　コンテナ栽培での剪定例

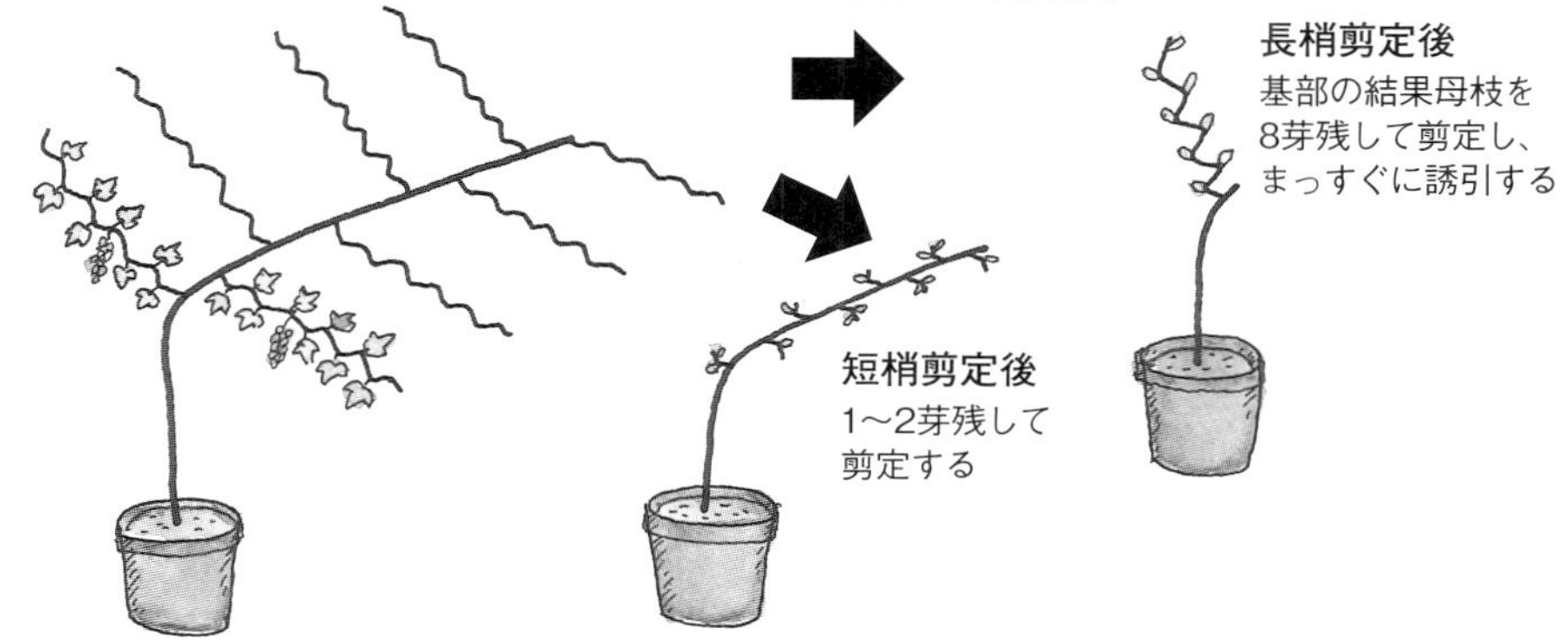
長梢剪定後
基部の結果母枝を
8芽残して剪定し、
まっすぐに誘引する
短梢剪定後
1～2芽残して
剪定する

残して摘心します。着果量は1新梢1房に制限するので1コンテナ当たり6～8房になります。

落葉後の剪定は棚仕立てと同様に、コルドンでは1～2芽残して、ギヨでは基部から発生している結果母枝まで切り戻して剪定します。

施肥量と灌水

施肥量の目安

コンテナ栽培では地植え栽培に比べて地上部の生育量が少ないので、貯蔵養分の蓄積も少ないことが予想されます。このため、収穫後には速やかに肥料を施し、疲れた樹体を回復させてあげる必要があります。

施肥量の目安は1コンテナ当たり窒素成分量で10g、リン酸5g、カリ10gとします。ただし、新梢の生育状況を観察して施用量は適宜加減してください。

なお、生育期に葉色が薄い場合や縞模様（苦土欠乏）が見られた場合には、尿素や水溶性マグネシウムの水溶液の葉面散布をおこなってください。

夏季はたっぷり灌水

晴天日には1日で葉1枚当たり約30mℓの水が蒸散するといわれています。とくに葉数が多く展葉した夏季には、想像以上に土壌は乾燥します。根域が制限されているので人間による灌水に頼るしかありません。

土壌水分計や自動灌水装置が設置されていない場合には、土壌をよく観察し表面が乾いたらたっぷり灌水してください。とくに葉が茂っている夏季には乾燥させないように注意が必要です。

側枝：主枝や亜主枝から発生している枝。結果部位を形成する枝。

●た行

台木品種：繁殖のため穂品種を接ぐ台となる品種。ブドウではフィロキセラ抵抗性の台木が利用される。

他発休眠：温度などの環境条件が整わず、発芽しない状態。自発休眠覚醒後、温度環境が好適になれば発芽する。

多量要素：植物の生育に必要な元素のうち、多量に必要とされる成分。窒素、リン酸、カリ、石灰、苦土など。

直光着色品種：果実に直接光が当たらなければ着色しない品種。（→散光着色品種）

摘心：新梢の先端部を切除すること。新梢の伸長抑制や結実確保を目的におこなわれる。

摘粒：密着した果粒を除去し房型を整えるための作業。

展葉：葉が開いた状態。展葉した葉の枚数が生育ステージの目安として利用される。

登熟：新梢が褐色になり木質化する現象。

徒長枝：非常に強勢な生長をする枝。

飛び玉：着色始め期に果房の中の数粒が先行して着色する様子。

●な行

肉質：ブドウの果肉の性質。塊状；果皮と果肉が分離して果肉が嚙み切れない、崩壊性；果皮と果肉が分離しにくく、果肉が嚙み切れるもの、中間；塊状と崩壊性の中間的性質の三つに分類される。

捻枝：新梢の基部をねじ曲げること。強勢な新梢を棚面に誘引するときにおこなう。

●は行

剝皮性：果皮と果肉の分離のしやすさ。

微量要素：生育に必要な元素の中で、必要量が微量である元素。ブドウではマンガン、ホウ素などが重要。

副芽：一つの芽から複数の新梢が発生した場合、最初に発生した芽（主芽）に対し、遅れて発生する芽のこと。

副梢：生育期に新梢の腋芽から発生する枝のこと。

房づくり：花穂の支梗を除去し、花穂の形を整えること。

物理的防除：ビニール被覆、カサかけ・袋かけなどの物理的方法により病害虫を防除すること。

不定芽（潜芽）：結果母枝の芽以外から発生する芽のこと。旧年枝の節部から発生することが多い。

ベレーゾン：果粒肥大第Ⅱ期から第Ⅲ期の転換期。果肉が柔らかくなる（水が回る）時期。

穂木：接ぎ木をおこなうさい、台木に接ぐ枝のこと。

●ま行

負け枝：先端の枝の勢力が、基部側の枝より弱くなる状態。

基肥：年間の生育のために施用される肥料。主に収穫後の秋季に施用される。

●や行

誘引：新梢や結果母枝を棚面や支柱に固定すること。

有機質：植物体や堆肥、骨粉など動植物由来の資材。

●ら行

礼肥：収穫後に貯蔵養分の蓄積を目的に施用される肥料。窒素主体の速効性肥料が使われる。

◆主な用語解説（ブドウ栽培に使われるもの。五十音順）

●あ行

亜主枝：主枝から分岐する骨格枝。主枝と同様に半永久的に使用する。
栄養生長：新梢や根などの栄養器官の生長。
枝変わり品種：枝の突然変異によって生まれた品種。

●か行

花芽分化：花芽を形成する過程。ブドウでは新梢の腋芽内に形成される。
花冠：キャップとも呼ばれる。花弁にあたる部分。ブドウでは展開せずに離脱する。
花穂：ブドウの小花が集合したもの。開花までは花穂と呼び、結実後は果房と呼ぶ。
果粉：果粒の表面に形成される白粉状のロウ物質。ブルーム。
果房：穂軸に果実（果粒）が集まって構成された房。ブドウでは果実を指す名称。
犠牲芽剪定：枝の枯れ込みを防ぐため、組織の硬い芽の部位で剪定する方法。
拮抗作用：ある成分が多量に存在することで、他の成分の吸収が妨げられる現象。ブドウではカリ過剰による苦土欠乏が代表例。
旧年枝：２年生以上の枝（結果母枝は１年枝）。
休眠期：秋から春にかけて見かけ上、生長を停止している時期。
切り返し剪定：結果母枝や旧年枝を下位の枝（主幹に近い部位）まで切除する剪定方法。
切り詰め：枝を切り詰めること。
車枝：隣り合った芽から左右に枝が発生している状態。車枝の部位より先端は生育が弱くなりやすい。
黒づる：古い旧年枝。剪定ではなるべく黒づるは残さないように心がける。
形成層：枝の組織で細胞分裂が盛んな部分。接ぎ木では穂木と台木の形成層を合わせることが重要。
結果母枝：１年枝。新梢を発生させる枝。
結実：果粒が落ちずに着生すること（実どまり）。
光合成：光エネルギーを利用し、水と二酸化炭素から炭水化物を生産する作用。
耕種的防除：化学農薬を使わず栽培法の改善などで病害虫や雑草を防除すること。ブドウでは巻きひげの切除や粗皮削りなどがおこなわれる。
小張り線：杭通し線の間に、新梢や結果母枝を誘引するために張られた線。

●さ行

さし枝：主枝の先端方向に向かって伸びている強勢な新梢や結果母枝。
散光着色品種：果実に光が直接当たらなくても着色する品種。（→直光着色品種）
自発休眠：生育に良好な温度条件に遭遇しても発芽しない状態。自発休眠の覚醒には一定の低温遭遇やシアナミド処理などが必要。
主芽：最初に腋芽内に分化した芽。最初に発芽する大きな芽。
主幹部：地際から主枝を分岐するまでの幹となる部分。
樹冠：枝が棚面を覆っている範囲。
受精：柱頭に付着した花粉が発芽し、その核が胚のう内の卵核と結合すること。
樹勢：樹の勢い。勢力（樹勢が強い、樹勢が弱い）。
ショットベリー（shot berry）：無核の小さな果粒のこと。
新梢：その年に伸長した枝。
清耕栽培：圃場に草を生やさずに栽培する方法。
生殖生長：植物が次世代を残すための花芽分化や開花、受精、成熟にかかわる成長過程。

◆主な参考・引用文献

『ブドウ栽培の基礎理論』コズマ・パール著　粂栄美子訳(誠文堂新光社)
『日本ブドウ学』中川昌一監修(養賢堂)
『葡萄の郷から』(山梨県果樹園芸会)
『ブドウの作業便利帳』高橋国昭著(農文協)
『ワイン博士のブドウ・ワイン学入門』山川祥秀著(創森社)
『新版 果樹栽培の基礎』杉浦明編著(農文協)
『ブドウの根域制限栽培』今井俊治著(創森社)
『よくわかる栽培12か月ブドウ』芦川孝三郎著(NHK出版)
『改訂 絵でみる果樹のせん定』(長野県農業改良普及協会)
『実験 葡萄栽培新説 増補版』土屋長男著(山梨県果樹園芸会)
『新編 原色果物図説』小崎格・上野勇・土屋七郎・梶浦一郎監修(養賢堂)
『改訂版 ブドウ園芸』小林章著(養賢堂)
『改訂 ぶどうの促成栽培』(山梨県果樹園芸会)
『戦後農業技術発達史 果樹編』(日本農業研究所編)
『果樹の病害虫—防除と診断—』山口昭・大竹昭郎編(全国農村教育協会)
『原色 作物の要素欠乏・過剰症』高橋英一・吉野実・前田正男著(農文協)
『育てて楽しむブドウ～栽培・利用加工～』小林和司著(創森社)
「葡萄考(Ⅰ)葡萄のルーツ」菅淑江、田中由紀子著(中国短期大学)
「山梨の園芸」(山梨県果樹園芸会)
「平成４年度 種苗特性分類調査報告書(ブドウ)」(山梨県果樹試験場)
「農作物施肥指導基準」(山梨県農政部)
「山梨県農業試験研究百年史」(山梨県)

◆ブドウの苗木入手先案内

株式会社原田種苗　〒038-1343　青森市浪岡大字郷山前字村元42-1
TEL 0172-62-3349　　FAX 0172-62-3127

株式会社天香園（てんこうえん）　〒999-3742　山形県東根市中島通り1-34
TEL 0237-48-1231　　FAX 0237-48-1170

有限会社中山ぶどう園　〒999-3246　山形県上山市中山5330
TEL 023-676-2325　　FAX 023-672-4866

株式会社福島天香園　〒960-2156　福島市荒井字上町裏2
TEL 024-593-2231　　FAX 024-593-2234

茨城農園　〒315-0077　茨城県かすみがうら市高倉1702
TEL 029-924-3939　　FAX 029-923-8395

精農園　〒950-0207　新潟市江南区二本木2-4-1
TEL 025-381-2220　　FAX 025-382-4180

株式会社植原葡萄研究所　〒400-0806　山梨県甲府市善光寺1-12-2
TEL 055-233-6009　　FAX 055-233-6011

有限会社前島園芸　〒406-0821　山梨県笛吹市八代町北1454
TEL 055-265-2224　　FAX 055-265-4284

有限会社小町園　〒399-3802　長野県上伊那郡中川村片桐針ヶ平
TEL 0265-88-2628　　FAX 0265-88-3728

北斗農園　〒623-0362　京都府綾部市物部町岸田20
TEL 0773-49-0032

岡山農園　〒709-0441　岡山県和気郡和気町衣笠516
TEL 0869-93-0235　　FAX 0869-92-0554

丸筑農園　〒839-1232　福岡県久留米市田主丸町常盤645-2
TEL 0943-72-2566　　FAX 0943-73-1070

＊この他にも日本果樹種苗協会加入の苗木業者、およびJA（農協）、園芸店、デパートやホームセンターの園芸コーナーなどを含め、苗木の取り扱い先はあります

丘陵地に広がるブドウ畑

収穫期のシャインマスカット

●

デザイン——— 寺田有恒　ビレッジ・ハウス
撮影——— 三宅 岳　小林和司　ほか
取材・写真協力——— 山梨県果樹試験場　山梨県果樹園芸会
ぶどうばたけ（三森斉＆三森かおり）
農研機構果樹茶業研究部門　今井俊治
北海道ワイン　天香園　ぶどうの丘
イラストレーション——— 宍田利孝
校正——— 吉田 仁

著者プロフィール

●小林和司（こばやし かずし）

山梨県果樹試験場副場長、技術士（農業部門）。園芸学会会員。

1963年、山梨県生まれ。島根大学農学部卒業。山梨県病害虫防除所、山梨県農業技術課を経て現職。ブドウの省力栽培技術の開発、新品種の育成などのブドウ研究に携わる。また、兼務で山梨県立農業大学校講師、山梨大学大学院非常勤講師（基礎ブドウ栽培学特論）などを歴任する。

著書に『育てて楽しむブドウ～栽培・利用加工～』（創森社）がある。

図解《ずかい》　よくわかるブドウ栽培《さいばい》

2017年３月17日　第１刷発行
2023年２月７日　第７刷発行

著　　者――小林和司《こばやしかずし》
発 行 者――相場博也
発 行 所――株式会社　創森社
〒162-0805　東京都新宿区矢来町96-4
TEL 03-5228-2270　FAX 03-5228-2410
http://www.soshinsha-pub.com
振替00160-7-770406
組　　版――有限会社　天龍社
印刷製本――中央精版印刷株式会社

 ISBN978-4-88340-314-1 C0061